参与浙江省哲学社会科学资助项目："基于千件'浙东传统木浅雕'实物遗存史料的研究与数据库建设"（23NDIC310YB）

台州学院2023年度实践教学改革专项建设项目："植根'中国文化根脉'的'民间手工艺'课程改革"

珠宝首饰文化与设计探索

张维纳　著

吉林出版集团股份有限公司 | 全国百佳图书出版单位

图书在版编目（CIP）数据

珠宝首饰文化与设计探索 / 张维纳著. -- 长春：吉林出版集团股份有限公司, 2023.5
ISBN 978-7-5731-3338-0

Ⅰ. ①珠… Ⅱ. ①张… Ⅲ. ①宝石—设计—研究②首饰—设计—研究 Ⅳ. ①TS934.3

中国国家版本馆CIP数据核字(2023)第115427号

珠宝首饰文化与设计探索

ZHUBAO SHOUSHI WENHUA YU SHEJI TANSUO

著　　者　张维纳
责任编辑　孙　璐
助理编辑　王　博
开　　本　710 mm × 1000 mm　1/16
印　　张　12
字　　数　150千字
版　　次　2023年5月第1版
印　　次　2023年5月第1次印刷

出　　版　吉林出版集团股份有限公司
发　　行　吉林音像出版社有限责任公司
（吉林省长春市南关区福祉大路5788号）
电　　话　0431-81629679
印　　刷　吉林省信诚印刷有限公司

ISBN 978-7-5731-3338-0　　定　　价　55.00元

序

无论是来自山间的和田玉、翡翠、玛瑙，还是生于水中的珍珠、珊瑚，抑或来自矿物的金、银、铂等贵金属，还是竹、木、琉璃等材质，这些璀璨夺目或古朴典雅的珠宝精灵不仅是大自然的财富，也是人类智慧的结晶。当它们被人类打磨、锻造和镶嵌，成为精美的装饰点缀后，就成为一种社会产品，具有强烈的社会属性。此时，珠宝首饰就有了文化的色彩和意义。

珠宝首饰文化是人类文明的重要组成部分，在人类历史的长河中，珠宝首饰一直扮演着重要的角色。珠宝被人类认识并使用，被赋予哲学思维、审美情趣、道德情操、价值观等内涵，既可以是财富的象征，也可以是身份、地位和权力的象征，更可以是文化的载体。珠宝首饰的设计和制作技艺是人类智慧的结晶，体现了丰富的文化内涵和历史印记。

本书旨在探索珠宝首饰的文化背景和设计理念，从珠宝首饰的文化源头出发，包括珠宝首饰的起源、发展和演变，以及不同文化背景下的珠宝首饰设计特色和制作技艺等。娓娓道来、融汇古今的珠宝首饰装饰语言和文化内涵，讲述了在历史长河中，珠宝首饰成为社会产品，不仅成为人类审美的对象，而且包含了其作为商品在社会中流通、交换、增值时所具有的经济学意义。本书还探讨了珠宝首饰的设计理念和创新，包括珠宝首饰的材料选择、造型设计、工艺技术和市场营销手段等过程。

佩环流光，点缀在人们头部、颈部、腰间、手腕、胸前的珠宝首饰，历经千年，光彩依然。不同民族和地域的文化交融使得珠宝首饰设计的形态和内涵都在发生变化，这种变化是文化的更新和变迁，也是研究者的毕生追求，值得人们坚持和守望。

这些颈项的美饰，

在岁月里，

是母亲要谨守的智慧和谋略？

使她不离开你的眸，

这样，

美，就必做你的生命了……

中国美术学院教授、浙江工业大学艺术设计学院荣誉副院长

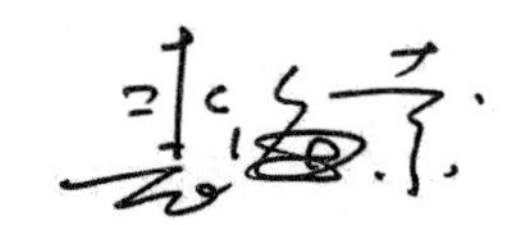

2023 年 4 月于国美象山

前 言

遥远的石器时代，人们用粗糙的双手，将好看的石料、动物牙骨、贝类等材料打磨成规则的形状，并钻孔穿绳佩戴在身上时，原始的珠宝首饰文化雏形就已形成。最初的此类饰物，也许属于一个部族的领袖、智者，所佩戴的饰物，象征着身份、权力的高贵。随着历史的推移，首饰中的美学成分逐渐增加，首饰不仅仅通过视觉、触觉表现的装饰品，更在整体服饰设计中占重要的比重，人们对首饰文化的认识是周期性循环、螺旋式上升的，它不仅仅是装饰行为，更是一个民族文化较为直观的表达。

首饰设计作为一个实践活动，其目的是创造美。人类文明发展到一定程度，对美的要求达到一个新的高度。随着时代的发展，人们对外界的认知不断变化，精神需求随之提高，尤其是现代首饰设计中，除了造型、材质上有了严苛的要求，在风格上更要表现其设计意图，突出装饰特性，除了美学功用之外，追求实用性，且在文化含义上追求其深度和广度，在大众的接受角度来说，它超越了文学、音乐、原始意识认知和哲学。

作者多年从事高校《珠宝首饰设计》课程教学和服饰文化研究工作，且有丰富的设计理论和实践经验。本书内容以章为知识模块，章内分节，节内分点，从首饰的历史渊源入手，阐释珠宝首饰的文化源头和发展历程，珠宝首饰的纹饰文化并结合中外的珠宝设计现状等，适时地引入现代设计理念，结合珠宝首饰设计形式语言，介绍首饰设计的过程，以及首饰设计的基本结构和表现形式，并结合实际案例，阐述涉及的材料学、人体工学、美学等理论性知识，并融汇到设计过程和展示设计实践的过程中。

希望本书能满足首饰文化研究者和爱好者的需求，结构上分板块由浅及深，文字叙述尽量全面，将珠宝首饰的各个知识点融会贯通，且从文化的角度去阐释。在深度介绍首饰的专业理论、创意思维表现的同时，穿插各种不同材质的首饰表现方法，为读者展现珠宝首饰的中外历史脉络，使之提高对设计的综合表现能力，并理解设计文化的内涵，以拓宽读者的设计视野、提高文化素养。

本书撰写过程中，参考了大量历史资料、图片和名家名作，并选用作者学生的优秀习作，其中包含的工作量、设计创意以及思维方式，都使本书内容得以完善和充实，在此致谢！

由于作者自身水平有限，且时间仓促，在撰写过程中难免有欠妥之处，请各位专家、老师和读者批评指正，不吝赐教。在此深表感谢！

张维纳

2022年2月13日

目 录

第一章 珠宝首饰文化的起源与发展 …………………… 01

第一节 珠宝首饰的文化溯源 …………………… 01

第二节 中外珠宝首饰设计文化的发展历程 …………………… 06

第二章 中国传统首饰文化的内涵和意义 …………………… 35

第一节 传统首饰类别及功用 …………………… 35

第二节 中国传统首饰的纹样与文化寓意 …………………… 43

第三节 玉石、陶瓷等材质首饰的兴起与文化传承 …………………… 47

第四节 珠宝首饰设计中蕴含的中国传统文化元素 …………………… 71

第三章 现代珠宝首饰设计特征 …………………… 87

第一节 现代珠宝首饰的设计方式 …………………… 87

第二节 现代珠宝首饰的形式构成 …………………… 98

第三节 现代珠宝首饰的基本功能 …………………… 115

第四章　中国现代珠宝首饰设计的艺术语言 …………………… 118
第一节　具有中国传统文化元素的现代珠宝首饰艺术 ………… 120
第二节　中国现代珠宝首饰的市场前景和艺术突破 ………… 135

第五章　现代珠宝首饰的设计行为与方式 …………………… 142
第一节　珠宝首饰设计准备与实践 ………………………… 142
第二节　珠宝首饰设计主题与素材选择 …………………… 152
第三节　珠宝首饰设计技法表达与品牌发展 ……………… 165

参考文献 ……………………………………………………… 174
后记 …………………………………………………………… 183

第一章　珠宝首饰文化的起源与发展

第一节　珠宝首饰的文化溯源

一、首饰的概念和类别

（一）首饰的概念和类别定义

所谓“首饰”，古意原本为“佩戴在头上的饰物”，较早时期称为“头面”，后扩展至头饰、腕饰、项饰等应用于服饰的装饰物。旧石器时代，当人们用兽骨、兽牙以及各种石材打磨的各种形状的珠子串连在一起悬挂在项上、腕部、腰间时，对美的渴望就已诞生。《后汉书·舆服志》曰：“上古衣毛而冒皮”，曹植《洛神赋》：“戴金翠之首饰，缀明珠以耀躯。”人们通过佩戴不同材质、不同形制的饰物来表达对于自然万物的敬畏，以及对社会关系、地位的解释。

自然界千奇百怪的天然材料自古决定着首饰的材质，人们在此基础上，结合不同族群的审美意识，探索发现更为多样化的首饰材质，并以此分门别类。材质上包括金、银、铜、合金等金属材质，还有玉、绿松、玛瑙、石榴石、祖母绿等宝石和半宝石类，以及贝壳、齿、骨等动物性材质和竹、木等纤维性天然材质。浙江余杭良渚文明曾出土的刻有水波纹的管状珠饰，以及余姚河姆渡遗址出土的虎牙项饰等，都体现了原始文明中人们对精神领域的追求和理解，是力量、权威和美的融合体现。此后历经数千年的发展，首饰的艺术构成是对自然万物、精神层面的具体物化过程。

人类社会发展过程中，人们在追求物质享受的同时，对精神层面美的追求也从未停止，在不同国家的工艺美术品领域中，珠宝首饰在其中占了很大比重，成为人类文明史的一部分。它体现了佩戴者的身份、地位，又是经济、人文因素的综合体。不同国度不同地域的珠宝首饰类别极多，各地材质资源的不同，文化背景的差异，都决定了不同族群的集体审美和精神需求的不同，体现出不同的风貌。

我国传统首饰按照功用分为六大类。即：发饰（簪、钗、梳篦、步摇、花钿、华胜等）、耳饰（耳环、耳坠、耳珰）、项饰（金项圈、瓔珞、项圈锁、长命锁、筒状锁、银质挂件、别针、纽扣、领扣等）、（臂钏、金银钏、金银镯、戒指）、佩饰以及服饰。工匠制作首饰的过程就是赋予材料生命的过程，每一件首饰作品的诞生，都包含着匠人对于某种精神的领会和理解，满足了创造的幻想。

（二）首饰的材质选择与应用

古往今来，首饰的材料多种多样，如玉石、珍珠、兽骨、金属物等。金银在我国首饰制作的悠久历史中发挥了重要作用。随着人类文明的发展，金银等贵金属具有开采难度大、产量低、易制作、易锤击分离、色泽鲜艳、经久耐用、厚度大等特点，自然而然成为最常见的珠宝制作材料。而这种由珍贵的金银材料制成的各种物件，称为金银饰品。

传统上，金银首饰是指手镯、项链、吊坠、胸针、耳环、袖扣、领夹、发夹、耳钉耳环、领花、领别针等由金银制成的饰品。除了头饰和发饰，手套、鞋子、脚饰等也慢慢出现。因此，珠宝这个词已成为人体任何装饰品的代名词，如头饰、颈饰、吊坠、颈饰、手镯、腕饰、脚饰等贵重物品。

自古以来，用木材和金属丝制成的各种首饰被人们更多地使用。其工艺、美观和耐用性远远超过同时由其他材料制成的首饰，如珍珠、玉珠、普通金属珠、普通珠（非金属），人们在做其他材质的首饰时，通常会在材质上加上限制，比如铜珠、铅珠、陶瓷珠等，这些特殊的材质可以做出不同的饰品，比如铅耳环、铅项圈、铁发夹，等等。当然，用这些材料制作的饰品，广义上应该属于饰品类，但是普通的非金属首饰是非常稀有的，无论是美观、耐用还是价值都非常少。

金银等贵金属首饰和珍珠、玉石等非贵金属首饰是两个独立的系统，但它们实际上是相互关联的。古人用“美石”的概念来泛指自然界中一切珍贵而美丽的石头，如珍珠、玉石、金银等也来源于天然矿石，色彩鲜艳、有光泽、有名称、比重、形状、坚固度等都具有出众的美感，因此古人在珍珠、玉石等常见的宝石上镶嵌金银。金银珠宝玉石是同一个延伸宝石的一部分，但前者是金属，后者不是。金、银等贵金属美观大方。除了性质柔软，延展性强外，加工成型容易。珠宝玉石，是珠玉在金银器皿中的完美结合，最大限度地运用了这种珠宝工艺，为当代珠宝创造了丰富多彩的演绎。因此，对金银首饰的正确定义应该是：金银首饰是人们用来装饰自己的装饰品，将金银等贵重金属熔化，分别造型并用绳子包裹起来，然后放在一起的形状。

二、首饰文化的发展脉络

首饰有着悠久的历史，最古老的珠宝可以追溯到人类的石器时代。珠宝是装饰人体的一种工艺形式。三万多年前，北京周口店的穴居人使用动物骨头和碎贝壳制成的珠宝，赤铁矿粉红色粉末。这是我国发现的第一件珠宝，标志着当时的人类已经开始追求精神生活，同时努力改善物质生活。他们通过磨石制造生产工具，而除了石器之外，珠宝是人类制造的第一件需要的东西，并且对珠宝的本质有了最初认识和应用。

古人以天然食物生存繁衍，长期与动物搏斗。在自然界中佩戴动物骨头制成的器物和石头制成的首饰，可以获得强大的精神能量，成为生存斗争的力量。因此，在制作和使用石器的过程中，他们将动物的牙齿、骨骼和美丽的天然石头切割和打磨，然后将它们包裹在一起，供后人使用。因此，这些装饰品不仅是个人的奢侈品，也是权力、激情、智慧和财富的象征，也是创造珠宝的第一件工具。

珠宝的出现，从偶然的灵感孵化到有意识的追求。节奏、对称、连续、对比、联合、个性、组合、坚固、密度、重复、凝聚、这种统一的复杂性等自然规律，逐渐体现在工作生活的节奏和它所处的自然环境中。在珠宝制作中，珠宝的工艺、价值和特性有着独特而完美的概念，使珠宝成为美丽而有价值的物品。

首饰的制造和演变，在一定程度上反映了各个时期的生产水平和文化发展水平，尤其是首饰所用的材料，反映了一个时代的社会发展和演变。比如玉珠，随着新石器时代的兴起而出现和演变，从就地取材到按需搜索，从仿篮到辅助烧制，再到知识和创意的雕刻，从采玉技术，鉴定技能，加工材料和雕刻技术方面，人类的想象力和审美观念被运用到珠宝的创作中，展现了人类无与伦比的天赋。

我国传统珠宝及其品种的起源由来已久。原始社会的首饰艺术是在感性基础上的祭祀活动由部族的精神领袖与自然沟通时使用的饰物，并不限于佩戴，如羽冠、脚铃、玉璧、玉琮，等等，饰物的功用得到最大化的体现。我国的青铜装饰艺术在西周达到高峰，其装饰语义丰富，表达内外兼容的思想符号。当时，珠宝被认为是制表的一个分支，也反映了人们对技术和产品的评价。随着阶级层面更加分化，珠宝首饰逐渐形成文化，材质、形态和佩戴方式都体现其制度和社会功用。

商周珠宝人文精神在崇高理想下十分注重生活主题，探索新庸俗珠宝时最重要的价值在于颠覆原始社会的神性基础，以规范人类的行为和思想。在秦汉时期，儒家的基本价值观被引入以适应这一时期的帝王服务思想，春秋时节和这些国家的时期尝试了不同的方式和伪装。文化涉及社会规范的统一体系，且各地之间多有交流，单个的族群精神意识渐渐发展成为整个族群的集体审美观念，这有利于加深联系和接受，珠宝艺术在这一时期出现在许多不同的领域。在此期间，精致的珠宝产品成为创造上层女性的重要替代品，包括财富、华丽的发饰和象征性的表现形式。比如重庆明十三陵出土的金色发簪，湖南长沙马王堆汉墓帛画中墓主头部装饰的珍珠螺旋楼梯。隋唐时期，社会稳定，民间富足，文化领域相互融合交汇，开放程度高。

儒家文化在此期间处于复兴繁荣的状态，这为珠宝文化跨阶级的发展提供了契机。隋唐女性用高雅、华贵、雅致、异域风情的配饰，以多种具有审美意义的形式和材料来表达生活的本质。例如，唐代发饰的种类包括“理发器、发梳、篦子、摇梯、金银发簪”。展示了各种民间精神和古代哲学体系的运用。

唐代人们对珠宝艺术的规范化和哲学化的运用，丰富了民族自身的审美内涵，极大地拓展了人文审美的道德视野。宋代的首饰在造型、形式、纹饰、材质上比唐代更受限制，继续继承早期的唐代制度，在佩戴方式上发挥着重要作用。

宋代是文化包容的时代，女性佩戴的首饰异常丰富，其材质、纹饰和形态上都处于高峰状态。材质上多采用黄金、银、兽角骨、玉石等，妇女儿童佩戴的饰物除发簪、梳子、项链外，还有项圈、长寿钥匙、银针、儿童银挂饰，女性还佩戴“冠子”，由珍珠、贝壳、宝石、丝绸甚至鲜花为材料，形态各异。宋代女性崇尚时尚，官府崇尚朴素，反对过度的装饰。宋宁宗年间宫廷中属于女性的首饰类型反映了她们对奢华的厌恶，并将其全部烧毁。

元代之后，明清时期的珠宝首饰无论从材质还是造型以及装饰形式逐渐衰落，并具有积极的内涵。人类艺术活动的模式转变为官方作坊。

第二节　中外珠宝首饰设计文化的发展历程

一、我国传统首饰的发展和装饰风格

珠宝首饰在整个工艺美术史中所占比重虽然不是最大，却体现

了人类发展进程中的精神发展历程。不同时代，人们有着不同的审美标准和文化规范，其社会规范和民风民俗都影响着珠宝首饰设计的变化和发展，珠宝首饰也体现了一个地域乃至一个时代的工艺技术水准。

珠宝的主要功能在古代文化中经常被使用，象征着对天、地、自然的敬畏，代表着一种特殊的社会地位，既美丽又珍贵，满足了人性的欲望。因此它的出现和发展是符合人类进化史的规律的。

我国珠宝的生产可分为以下几个时期：

（一）石器时代的配饰形态

首饰制作可以追溯到古代史前。那时的社会生产力低下，人们无力大规模改造自然，只能敬畏和顺应自然，受自然万物的恩惠。一方面，人类向自然索取生活、生产资料；另一方面被动地期待接受礼物。这种复合的形式通过艺术的精神表现来表达内心的诉求，以及和自然精神层面的融合。

当时的人们穿兽毛兽皮时，将绳索、兽骨、兽牙缠在脖子上，编成鸟毛，戴在头上。原珠有任意交织和串串的选择，这意味着人们可以根据个人风格使用不同大小和形状的珠子来创造一件作品所带来的结构效果。例如串饰，经过多次组合和比较，这些珠子获得了新的对称和韵律。这些古老的饰物体现着人们抽象的装饰意识，反映了当时人们的文化和审美情趣。

迄今为止发现最早的珠子可以追溯到旧石器时代。石器时代的珠宝，从字面上看，只是一些美丽的石头，还有动物的牙齿、贝壳、化石和鱼椎骨。人们在这些物品上制作，然后把它们捆在一起，挂在脖子上。除了装饰作用外，石器时代，珠宝还被视为阶级不平等的一种体现，彰显个人身份、地位。佩戴在项上、腰间的动物牙骨是强大智慧的象征。

在旧石器时代末期，发现了许多珠子。旧石器时代晚期的珠子包括五种材料：石头、骨头、牙齿、贻贝和蛋壳。这一时期的首饰大多很粗糙，但小珠子往往做工精细，还打上小孔或涂成红色。

进入新石器时代后，除了一般的粗石器和带有一些人物的雕刻骨器外，还有根据成分和浓度而精心挑选和加工的玉器（如图1–1所示）。进一步说明了当时人们的审美价值和装饰意识。他们在制造和生活方面积累了丰富的经验，能够将各种工具，甚至各种装饰品组织起来，并加以组合。新石器时代的珠子上经常有孔，可以以挂绳的形式缠绕在一起，按材质可分为石、玉、骨、贝，形状有菱形、球体、片、管、立方体、联珠、水滴状等。在所有人的精神审美领域，这种用不同形态不同材质装饰的形式具有一定的趋同性。

我国出土的两串新石器时代手链，一串由28颗小长方形石子和2颗管状骨珠组成，两种珠子交织串连在一起，用作项链。另一串由40颗长方形石珠和20颗管状骨珠组成，一共60颗。将这两条项链结合起来，我们可以看到两个重要的特点：两串珠子中的所有东西都是相等的数字，表明它们是完美的数字相加相配，石片和管状骨珠串联相配，在人们的观念中，历来都有“奇偶”之分，相比奇数组合，绝大多数情况下，人们更倾向于偶数的组合，如“双喜临门”“六六大顺”等，不同形态、不同物质的组合形式，在变化中实现统一，在肯定审美感受的前提下，可以看出他们所追求的珠宝造型不是在意简单的相似，而是在相似的变化中寻找变化。因此，复合造型是基于在多样性上反映了从变化和统一中产生的新的韵律美。

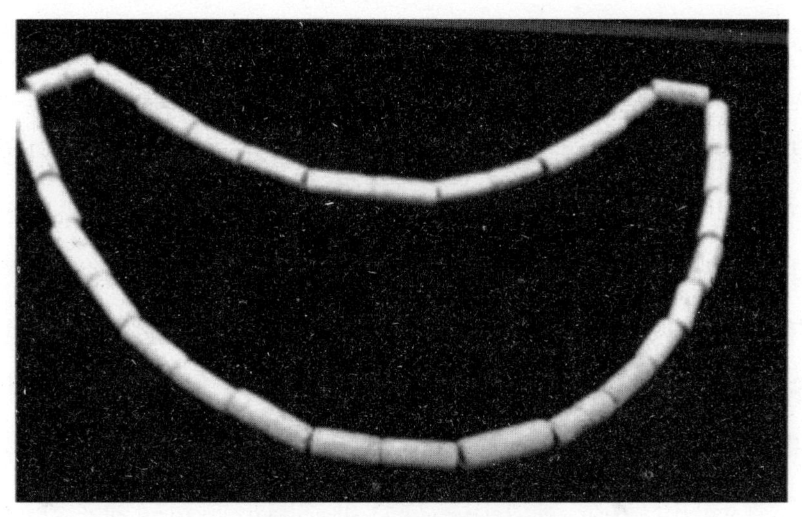

图1-1 新石器时期项饰

（二）商周及春秋战国时期的首饰特点

商周时期，其他类型的首饰慢慢出现。人们开始在腰带上佩戴玉饰，在头上佩戴骨饰。无论如何，铸造的形式或过程，都达到了最高阶段，并且充满了神秘色彩。由于青铜艺术的发展和对黄金的认识，黄金也被用来制作首饰。青铜艺术的兴起和发展，为金银首饰艺术的发展奠定了坚实的物质和技术基础。同时，玉雕、漆器等工艺的发展也刺激了金银艺术的发展。

制作商代饰品的过程非常简单。各类珠宝包括头带、手镯、脚坠、饰品、配饰、皇冠等。商代匠人在器皿装饰工艺上，采用贴金箔的工艺。金箔是用青铜锤将黄金捶打成片，呈箔状，其厚度仅达到零点几毫米。且以后精致的黄金面具、球、棒状装饰品存世。同时期的北方地区的金饰艺术，要比中南部省份的金饰艺术更为精巧。南方有大量金饰，采用锤击、雕刻、掐丝、编织、镶嵌等工艺制成，精巧程度令人叹为观止。

先秦时期儒家思想开始萌芽之后，人们开始讲究含蓄内敛的生活方式，“君子尚玉”，士人阶层多佩玉，这与玉的温润特性有直接关系。周代，玉器的使用量并不大，但纹饰精美，造型丰富，其制作工艺细腻精致，皇族、贵族和士大夫阶层视之为精神象征，体现权利和地位。级别越高，结构越复杂，长度越长。西周群坠的一个典型特点是群坠以玉璜为主体，连接其他玉片。在璜的两端（上、中）有穿孔，与玉片相连。通过穿孔绑定的玉石，如周代玉佩，由多种玉佩、4枚玉璜和328枚玛瑙珠管组成，组合清晰、色彩艳丽、典雅高贵。

春秋时期的玉器，除了传承周代玉器的形制和纹饰之外，有更为丰富的创新，在璜、璧的形态和纹饰上，也有了很大改变。形态上突破了仅为半圆形的形态，多了半月、鱼形、兽形等，纹饰上增加了条纹、空心管状纹饰等。例如，春秋时期的双龙头玉璜，采用左右对称构图，两个龙头呈镜像，上有鳞状点饰，图底层次分明。玉器在春秋时期被广泛使用，是一种片状的牙形玉器（称为“钩”），一端方头，边缘锋利原来是用来挖洞的。打结后来用它作为工具，把穿孔穿到衣领上。

春秋时期玉饰的制作，可以用“精”字来形容，无论是佩戴细小的直纹，打磨棱角，还是装饰表面，都一丝不苟。相比较而言，商代和西周的玉佩更多地依靠一系列的线条来定义形状，主要分为精细的形状，数字被包裹在一个小图案中。线面的调整和雕刻的变化，是春秋玉石装饰的主要特点。

至战国时期，玉器中的几何造型减少，出现大量龙型玉饰，如龙凤佩等，造型神态各异：有的孤龙摘下，有的二龙戏珠，有的组龙相盘，有的龙腾狮跃，还有的龙凤相思，将龙凤的魅力淋漓尽致地展现出来。雕刻艺术在战国玉器上熠熠生辉。结构中增加了镂空雕塑。

（三）秦汉时期首饰的装饰风格

秦汉时期，男戴玉女戴金。金饰、金丝镶嵌艺术达到了顶峰，体现了线形朴素淡雅的特点，奔放的情感个性，体现出不拘小节、坚韧不拔的精神。先秦儒家思想构建的古代哲学体系，决定了其社会特性和模式，也深刻影响首饰的装饰语言，内敛和张扬并存，古朴精致的玉饰和精巧的金属首饰进一步彰显秦汉强权。

此时的首饰产品，无论是种类、数量以及工艺水平都达到一个高峰期，金属首饰制品发展迅速，达到较为成熟的程度，不同于先前的青铜艺术工艺，走上了独立的发展道路。汉代首饰制作中引入了掐丝、金饰、焊接、镶嵌等新技术。汉代的装饰艺术平和安详，体现出一种新的朴素和悠闲。

汉代的男性首饰只有发饰中的簪子，用来刺入头发或固定冠冕。除发夹外，女性发饰还包括头花、发梳、发冠、发簪、发罩、发束等。发夹图案非常简单，只需将金属线弯曲成两股即可。如果只有一个，那就是发夹。雕塑造型像一把短梳，由玳瑁、角质和竹子制成。此外，汉代妇女的发制品有金生、华生、三子柴等，均加在前额发上。“行者饰金玉，挂在发绺上，梯子旋转。”梯子挂在头上，挂着珍珠般的饰物和玉石。女子踱步时，步摇晃动，配合女性优美的体态，将女性特征发挥到极致。汉代耳饰称“耳珰”，基本上形状像一个带有尖头的半球形末端的腰鼓。将软端置于耳内，将硬端置于耳前。汉代有中间打孔、穿线的挂件。这种耳环叫“耳”，耳挂件叫“方”。材质有金属、玉石和玻璃。还有铆钉耳环。

到了汉代，玉器的雕刻技术得到了改进，普遍采用了凿法。如汉代玉舞者的纹饰宽阔，两侧开敞，负线描绘脸型和衣着。舞者身着长袖长裙，有纽扣和下拉。四肢微曲曲线优美，姿态柔美婉约。又如汉代玉佩，长度、造型、纹饰、工艺精美，内含穿孔玉佩、玉珠、金珠、琉璃珠等四大玉佩，上下碧、镂空龙、凤涡形玉璧、犀牛形玉皇、双龙纹玉皇。

（四）隋唐时期首饰的装饰特点

历经三朝、金朝、南北朝、隋唐的动荡时期，社会、政治、经济、文化慢慢稳定下来，首饰产品达到顶峰。金银发带、碧玉耳环、珠子、金饰等首饰样式在隋唐的宫廷和社会中流行，包括动物物种和植物物种。植物纹饰是唐代金银器物的共同题材，实物有形，有花纹，变化多端。唐代的金银艺术也十分复杂精细。

金银产量的增加使得金银首饰的大量生产成为可能。此外，贵族钟爱奢侈品，刺激了首饰制造业的发展，唐代金银艺术的工艺非常复杂，当时广泛使用锤击、铸造、焊接、切割、抛光、涂层、切割和开槽等工艺。金、银、宝石相得益彰，每一种材料的性格都充分体现出高贵典雅的装饰风格。

唐代珠宝风格宽阔、洁白、优雅、丰满，充满趣味。唐代珠宝注重自然和生活，充满了对生活的浓厚兴趣，表现出一种内敛、宁静、神秘的氛围，让人感到轻松、活泼、非常亲切。美丽绽放的花朵、卷曲肥大的卷草、自由飞翔的鸟儿、翩翩起舞的蜜蜂和蝴蝶是常见的珠宝主题。发簪和布腰沿袭前代传统，一直是唐代女性重要的发饰。

唐代更重视假发上的花卉装饰，花卉装饰的尺寸几乎与假发一样长，款式和装饰比比皆是，有凤凰、摩羯、花鸟和花卉组合等发型。它们通常是两件同款，两边形状相同，左右对称佩戴。唐代步瑶的流行，影响当时社会的各个阶层，尤其是在贵族中。唐代镀金蝴蝶圈，上面有一个银色的钉子，身体的其余部分是金色的。发簪的尖端有两个未封闭的蝴蝶翅膀，上面有菊花状的装饰。发夹头下方是两根粗银线，在扣子后面连接成两个相同的环，并用银袖固定。

在富裕的唐代，梳子也成为女性重要的发饰。唐代女子梳妆时，发髻的正面和侧面都附有三套梳子。同时，后室的纹饰也日趋丰富，扭曲如金底雕植花凤，或金丝金块枝卷、玉石闪烁焊接各种图案。又如唐代包金盘带饰，为宝典带饰，较少见。有九环，每环底部有铜盘，顶部有金盘，四周环绕由黑玉制成，三部分上覆盖着金钉。这种宝物的装饰对后世的腰带装饰影响很大，在明代的官员中仍然很流行。

（五）宋代珠宝首饰的艺术风格

直至宋代，尤其流行的首饰有头饰、耳环、项链、手镯、脚链、腰带首饰等。可以看出，宋代人有佩戴吊坠的风气，他们的器物大多是用玉制成的。各种珠子的制作也有所改进。

到了宋代，随着封建城市的兴起和商品经济的发展，各地金银首饰业蓬勃发展。贵妇头戴鲜花、发簪、梳子、串珠，戴手镯的风气同样盛行。

宋代女性的首饰款式普遍沿袭唐制，仍以发饰为主，如发簪、梳子等，顶部饰有大量花卉装饰发簪。自宋代珠宝制作以来，秦代流行的掐丝、镶嵌、金珠等工艺几乎绝无仅有，但多采用锤、凿、镂、铸、焊等工艺。雕刻工艺根据唐代进一步细化。

宋代珠宝风格具有纯洁、优雅、古朴的特点。宋代首饰以简洁的造型，少有繁复的点缀而取胜，给人一种朴素的美感。比如宋代的月牙戒指，就是用金子做的。金戒指和底部的月牙形纹饰形成了优雅的曲线，造型简洁。月牙上雕刻了菊花的形象。如宋代银梳，半月形草木象纹，一朵大花上下缀有错综复杂的亮片，基层折成花瓣状蕾丝，由齿梳连接。

就题材而言，花鸟纹饰是宋代珠宝艺术的最大特点。由于其写实性，最能体现直接情态的特点。它是活的，是有形的，也是有精神的。与唐代相比，宋代的装饰题材大多取材于社会语境，强调的更为宽广、朴实、写实意味强，生活意愿更强。对辽宁、西夏、晋、大理的珠宝艺术产生了影响。这种民族首饰的设计和形式受到唐宋首饰风格的影响，同时具有鲜明的民族特色。

（六）明代首饰艺术的装饰特点

元朝外治结束后，一直到明朝，珠宝设计的工艺和风格都精细成熟。翡翠珠宝设计有各种动物并使用花卉图案，穿孔和雕刻图案，以及其他微调方法，并利用宝石和物体的所有颜色和形状，将它们也制作出美丽、优雅和端庄的珠宝。在继承悠久历史传统、汲取优秀文化、研究开发材料、工艺的基础上，我国珠宝首饰进入了一个新的发展阶段，出现了大量精品珠子。

明代各种技术的发展推动了珠宝艺术的发展，珠宝在题材、形式和工艺上都有很大的进步。珠宝风格端庄，令人信服。它的装饰主题不仅继承了前几代的传统，而且不断演变，创造了丰富的主题。明代珠宝中，动植物等图案较前代大幅增加。植物主要由花、叶组成，如图1–2所示的牡丹状金色发丝。两片金色的锤板叶组成展开的牡丹花瓣，被树叶包围，类似生命。此外，还有李子、兰花、竹子、菊花等表达高雅绅士纯洁的花朵（见图1–2）。珠宝图案使用了许多象征美丽和优雅的图案，如龙凤、莲花、彩云、蝴蝶、鹦鹉、蜜蜂、精美的人物、汉字。

图1-2　（明）牡丹形金簪

明代的珠宝款式与珠宝商的设计理念和当时人们的审美情趣息息相关。与宋、元相比，明代的软面饰品比较少见，饰品大多趋于密集，人物的轮廓通常覆盖全身。除了线条之外，还有很多精细的剪裁，形似纹饰，对清代珠宝影响不大。例如，金宝串也是一个智慧的创作。它用黄金覆盖了日常耳签、牙签、镶嵌和勺子，并将它们排列在一个圆柱体中，这样就可以随身携带，非常容易使用。这种珍贵的绳索在明代很流行，由金、银、铜、木头和牙本质制成。有的有三件，有的有四件，称为“金三件”或“金四件”。还有一个很小的金色圆柱，高只有8厘米，可以装小物件。圆柱上精雕细刻有浅浮雕般的山水人物。构图完好，布局巧妙，线条清晰流畅等特点。

明代的珠宝艺术，尤其是金饰，相比之前，也有了更长久的发展。明代的首饰不是用一种技法制成的，往往采用两种或两种以上的工法，才能达到最完美的艺术效果。主要制作方法为掐丝，有时采用锤击、凿、穿线、掐丝、油炸、镂空、焊接、铸造等方法。具体来说，将金发带焊接在一个金手镯上，手镯上用最上等的金线，把手上镶嵌着翡翠、珍珠等各种宝石。

向日葵造型的金色长发，镶嵌着明代的珠宝，两瓣上的数个金色扣环，红色的蓝宝石和金色隐藏的叶子，美丽而神奇。例如，明代凤凰形的金钉是一种常见的珠宝首饰，涵盖了多种艺术形式。凤凰的身体和月亮是由金线和密密麻麻的卷轴组成的。组装焊接后，化作凤凰，立于云端，轻轻旋转，展翅翱翔，美丽别致。

（七）清代首饰的多样性风格

由于清朝对满族服饰政策的松懈，原本只属于或完全属于满族人的服饰首饰慢慢融入到其他类型中。因此，清代的首饰在种类和形式上都比前代首饰更加丰富。清代首饰种类有朝冠、花菱、头戴、田、簪、耳环、朝珠、领契、手链、指契、钉套、戒指挂件、荷包、领针等。

很多首饰都是清代特有的，如潮珠、顶带、华菱、项圈等冠饰。这些冠饰是礼仪饰品，只能皇室成员所佩戴。王室对于首饰的种类、颜色和佩戴数量也有严格的规范和经验法则。朝珠由108颗珠子贯穿其中，挂在颈项，垂于胸前。每27颗间穿入一粒大珠，大珠共四颗，称分珠。制作炒珠的材料有宝石、玉石、玛瑙、蓝晶石、珊瑚等。材质的好坏代表着官品的地位，最好的东珠朝珠，只有皇帝、公主、妃子才能佩戴。

花翎是清朝高官的冠饰。饰以孔雀翎毛。根据翎毛的数量，分为单眼、两眼、三眼花翎，分别奖赏给功劳递增的品官。顶戴又称“顶子”，是清代官吏王冠上刻的明珠。清代最高的一等官是红宝石、二等红珊瑚和三等蓝宝石。我们可以从大臣、官员头盔表面的颜色和质地看出官位等级高低。由此可见，清代的首饰大多与冠袍有关，地位高贵的男女均可佩戴。

清代妇女的发型经历了“二把头”“叉子头”“大拉翅”等几个阶段，具有满族传统特色，装饰头饰时尚，发型也别具一格。扁方是满族妇女用来梳“二头”的主要首饰，起到横向一体化的作用。其成分有金、银、软玉、玉、玳瑁、檀香等。汉族妇女的头饰、假发和梯子也深受满族妇女的喜爱，这是由于汉族数百年来的穿着影响。满族妇女，尤其是宫廷淑女，对发钗饰物更加讲究，以黄金、翡翠首饰为特色，艺术性极强。清代双发簪是由一块翡翠制成的。有的发绺在银金或金下布满珍珠和宝石，常分发梢和发针两部分。

清代的珠宝题材比以往任何时候都更加流行。在明代宫廷首饰中起重要作用的龙凤图案在清代极为盛行。除了蝴蝶、鸳鸯、蝙蝠、蟾蜍、莲花等传统题材外，还有鸟类、蜻蜓、松鼠、爬山虎、葡萄、兰花等动植物画。例如，花卉装饰包括两只鸟在藤蔓下玩耍，每端由珊瑚制成，栩栩如生，郁郁葱葱的藤蔓伸展开来，满是花饰的全图，像红白葡萄一样纯洁，在藤蔓上闪耀着水晶的美丽光芒，头顶的所有饰物都表现出浪漫的生活和甜美的气息。象征吉祥如意的传统仪式在清代延续。

在珠宝工艺方面，清代的制作水平远超前人，规模化进行。清代的制珠技术包括铸造、锤击、珠磨、焊接、雕刻、花丝、镶嵌等。此外，清代还出现了一种新的“指绿”艺术。为了在绿色中脱颖而出，翠鸟的羽毛被切割成设计要求，然后粘在金银珠子上。根据作品和艺术品的不同，绿色羽毛可以呈现出月亮、湖色、深海军蓝等多种颜色。小而精雕细琢，鸟羽幻化，整幅作品变化万千，栩栩如生，色彩斑斓，华贵富丽。图1–3中的凤形银发夹，用于拉丝、接线、切割、插入、焊接等。技术以及凤凰羽毛都是用翡翠精心制作的。

在风格上，清代珠宝不仅继承了传统风格，还受到了其他艺术和外来文化的影响。清代珠宝艺术在继承和吸收古今中外诸多文化和制作工艺元素的基础上，带来了前所未有的发展，并由此呈现出独特的规模和多样性。说到清代珠宝款式，设计精美，色彩艳丽，工艺精湛。但对于所有清代珠宝来说，也有许多精致的饰物和礼品。比如清朝的蜻蜓簪取代了清朝宫廷首饰，一味追求富贵。只用了几颗凸圆形碧玺和翡翠，蜻蜓就灵巧地勾勒出来，触手做成的丝绸小心翼翼地跟着风摇晃。

国外珠宝设计和制造与我国相似。古埃及是一个古老的文明。出土的文物包括带吊坠的绳手镯、华丽的石头和念珠、甲基玛瑙、紫水晶和“其他雕刻成圆形或折叠起来”的石头；还有木制手镯；古罗马，人们用来固定披肩的别针成了衣着的必备单品，款式繁多。罗马人擅长雕刻和折叠石头，手帕制作了许多金银碎片，并与抛光的首饰已成为女士们的喜爱首饰；印度，恒河上的印度有着古老的文明，首饰制造也历史悠久。现存博物馆中的绿松石镶嵌金耳环和粒纹珍珠由金耳环和粒粒珍珠组成。

二、我国传统首饰审美特征的转变

我国传统珠宝的历史可以追溯到1800年的石器时代。石珠项链可以说是首创。但在新石器时代的红山文化、良渚文化等地觉、沛、丛等遗址中也有发现。这种材料以玉、竹、古骨为代表。结构特征主要是动物纹饰和几何形状加深了对形象的刻画，从而形成了我国传统珠宝的基础。

南北朝时期，北方的珠宝首饰装饰风格，与中原地区文化相融合。制作珠宝的过程发生了变化，一些原有的珠宝与新的文化融合并演变。例如，由于长包子的流行，第一类首饰中的头饰逐渐演变为发夹和新发夹。其工艺形式和材质也有了变化，逐渐从玉石转向金银。雕刻、金珠饰、绿松石等宝石镶嵌工艺成为主流。

我国传统的珠宝首饰发展的兴盛时期就在南北朝时期。其工艺水平和材质都发生了很大变化，这种转变表明金银首饰成为主要的首饰品，新的形式和我国传统首饰被选中。诚然，即使到了南北朝时期，很多首饰风格仍然保留着之前的风格，至唐代，其工艺和装饰风格得到充分发挥和吸收，以至成熟。唐代的首饰造型夸张，形式华丽，雕刻精美，镂空镶金玉珠，是唐代首饰的典型特征。但它以南北朝的珠子为蓝本，没有超过它的比例。

史料记载，自周朝以来，各阶层的珠宝法典都有专门的礼制。因此，宋代以前的珠宝大多属于精品等级，从款式、类型中，也反映出人们的喜好与品位。张择端的《清明上河图》展现了北宋汴京的兴起。经济繁荣创造了强烈的社会氛围，对珠宝产生了巨大的需求，年轻的家庭拥有少量的银饰。为了满足这种需求，必须迅速进行大规模生产，因此有一种金属加工技法，其使用方式与现代结构相同。

先将大部分珠饰压模成型，然后用胶水固定，以此更多小型珠子可以批量生产。宋代的经济和文化发展是我国古代史上的一座高峰，无论宫廷贵族或是民间百姓，其个人价值观和社会认同感都得到相对的发展，珠宝首饰的材质、工艺和装饰形态除了沿袭之前的风格特征，还有了极大的进步。宋代首饰的工艺特征即镶嵌工艺，题材朴实，如水果花卉、龙凤动物或者人物形象，特别的是，还创意出各种表达爱慕之情的饰品、珠宝，如“满池娇”“蝶恋花”“鸳鸯戏水”等。宋代花鸟画和织绣纹饰直接影响到首饰的设计理念，优雅、精致、历久弥新。种类和款式已经开始多样化。许多发带只有交织发夹、竹发夹、大象发夹、花管发夹、花头桥发夹、如意发夹、荔枝发夹、瓜头发夹、凤凰发夹、荷叶发夹，等等，不同的物种有不同的形态变化。

元代的文化紧跟宋代，珠宝也是如此。由于宋代珠宝稀缺，大量元代珠宝被发现，与宋代时期的珠宝一样。鉴于两朝的时期和文化非常相似，宋元时期被认为是我国首饰的过渡时期，宋代首饰的特点在两代首饰中都可以看到是中国传统首饰的第三次变化。它的世俗特性使我国传统首饰更加流行，珠宝首饰的题材和风格也发生了改变。皇室或者民间对于首饰的需求，使其得到批量化生产，其工艺水平也有了很大的提高。珠宝首饰的特质更加显现，使得珠宝首饰业发展迅速。

明代的画风、服饰、妆容慢慢走向“雅致”，但珠宝艺术却比以往任何时候都更加美丽和丰富。这种审美偏好与明代的器物和珠宝艺术有关。追溯到南北朝时期，中国传统首饰基本上是纯金首饰，并添加了不少宝石。

至明代中期，社会创新蓬勃发展，势头如雨后春笋般壮大。凭借其色彩斑斓的宝石、绚丽的色彩和高价值，成为奢侈品消费时尚的首选。因此，明代珠宝经历了几代人的独特蜕变。珍珠首次成为中国珠宝的主要成分，并且我国的珠宝设计都是匠人们的原创设计。

宋、元时期的装饰风格很大程度上体现了民间风俗，明代首饰艺术继承了这一特点，题材上有瑞兽、鸟虫、吉祥花卉和文字等，其整体结构都是以宝石为主体，宝石配以金银丝。花丝造型工艺，又称缧丝工艺，涉及将黄金拉成细丝、混合、编织、捏合、填充、聚拢、焊接等工序，工艺精湛，给人以视觉上的美感。体验是复杂的、普遍的、简单的和美丽的。宝石加工首次采用郑和下西洋时带来先进的西方工艺技术，即“爪镶”工艺，增加宝石的牢固性，又更好体现其特点，增加宝石的装饰价值。结合花丝工艺的衬托，珠宝璀璨夺目，美不胜收。符合当时人们的消费心理。

图1–3　（清）点翠凤形银簪

明代首饰的特点是各色宝石的广泛运用，以及镶嵌工艺的普及，它提高了我国传统首饰整体水平。其生产工艺和装饰特点都处于我国美学的高峰，已达到极致的程度，之后清代的首饰是延续明代的工艺装饰形式，虽然有“点翠”和“烧蓝”工艺的普及，但形式上，基本无太大突破。因此，可以说，在我国古代首饰工艺设计史上，明代首饰被称为弥足珍贵的创举。

我国传统珠宝首饰的形制和装饰工艺，在其漫长的发展过程中，不断与各国文化设计融合，相互影响，不断创新和传承。无论类别、材质、形态、装饰形式以及工艺技术上都吸取了多种文化设计形态。每朝每代的首饰文化都体现了整个时代人们对审美、设计的不断提高。我国传统珠宝首饰文化的发展，并非完全继承传统，而是始终和时代元素相呼应，融汇异域风格，产生形态和装饰语言。发展至今，我国珠宝设计文化形态日新月异，当代珠宝首饰的发展更是迅猛，其文化传承方式和呈现的珠宝饰品，都让我们不禁感叹其发挥的艺术魅力。

三、国外珠宝首饰发展历史及时代风格

在支持自然方面，代表西方文化的希腊罗马珠宝艺术以其独特的珠宝形式，通过理性的反省，将自然与艺术相结合，体现了西方珠宝的魅力。东方艺术因其众多的传统积淀而追求艺术与形式的高度统一。在东西方珠宝艺术的交流互鉴、平行发展中，都呈现出不同时期的珠宝艺术。

（一）古代社会的首饰

当时珠宝的量产还处于起步阶段，但即便用现代设计的视角分析，也能看出其结构独特，设计精妙，能较好体现当时地域性的审美意识和人文情怀。从中可看出，在原始社会条件下，人们特有的对自然的敬畏以及对生命的思考。

1.苏美尔首饰

古代苏美尔人本为游牧民族，公元前4000年左右，在古波斯山区过着居无定所的生活，逐水草而居，后至美索不达米亚平原，便停止了游牧文化，逐渐转变为以农业为基础的社会，辉煌的苏美尔文

明由此创立。

这个时期，对于世界其他地区而言，为石器时代，而苏美尔人已经发现“铜”的广泛用途。他们在幼发拉底河和底格里斯河沿岸，发现了大量铜矿，并建立铜冶炼厂，金属加工工艺得以飞速发展，佩戴黄金首饰成为当时苏美尔人的传统，无论男女老幼，都会佩戴护身符、项饰、头饰等金属饰品。

此时的首饰柔软细腻，常以树叶、草、螺旋和葡萄串的形状制作。传统的历史故事和传说成为当时首饰设计的主题，反映了原始的西方哲学体系。例如，苏美尔王后的美丽头饰是用精致的金箔制成的。金箔还饰有青金石圆盘，三片金花瓣装饰在头饰的顶部，耳朵上戴着一条大耳环，项饰由黄金、玉髓圆珠和青金石珠子组成，光彩夺目。

2.古埃及首饰

古埃及的尼罗河文明是继苏美尔文明之后，世界上第二个文明形态。古埃及处于非洲东北部，属于东非和亚洲接壤地区，东西方文明在此交汇并共存，因此发展了独特的文明形式。

埃及最早的珠饰在尼罗河沿岸出土，距今有几千年的历史。不同形态的珠子被广泛运用到各种装饰领域，如头饰、项饰、耳饰、腕饰、腰带、拖鞋等，排列多样，形成精美繁复的视觉效果。珠饰在古埃及人观念中，象征权威、地位。珠饰组成的珠宝首饰广泛普及，例如金、银饰品中，石榴石、绿松石、孔雀石、玉髓、青金等宝石被打磨成各种珠子镶嵌其上，因身份地位不同采用不同材质。此时，出现了人造材质，普通人佩戴的珠饰，很多由石英砂或者水磨石打磨后，上釉形成，原始釉料类具有类似玻璃的光泽。

古埃及人崇尚自然，珠宝首饰的材质基本具有自然特性，其色彩，可以模仿它所代表的东西。例如，金象征着太阳，生命之源；银象征着月亮，以及独特的骨状结构；青金石也是古埃及首饰中的常见原材料，它源自阿富汗，青色纯粹深邃，似乎深不可测的夜空，象征着埃及人的母亲河—尼罗河的河水。生长在尼罗河以北沙漠中的明黄色碧玉就像新作物的颜色，代表着丰收和新的生命；红玉髓和红色碧玉如血，象征生命。公元前1900年制造的金丝珠被包裹在彩色玻璃中，看起来像彩色玻璃窗，色彩艳丽斑驳。

古埃及珠宝首饰的形制，在某种程度上非常奇特地与现代审美观念重合。例如，其中运用了大量简单的几何形态，和现代设计理念中的“解构主义”，从结构和形态上都具强烈的视觉冲击力。埃及珠宝具有强烈的灵性。圣甲虫图案有点古埃及的象征，广泛用于珠宝首饰中。人们相信小蜥蜴的力量来自超凡脱俗的强大力量，因此将它尊为“圣甲虫”，并用项链、吊坠、手镯等方式装饰蜥蜴的造型，并将其作为护身符携带。

3.古罗马时期珠宝首饰的艺术风格

公元前1世纪，罗马帝国崛起，取代了古希腊，成为欧洲的经济、文化、艺术中心。

古罗马时期的珠宝首饰艺术形态多样，得益于它的地理环境，地中海有着丰富的矿产资源，古罗马盛产来自埃及、巴尔干半岛的宝石、黄金、珠宝、水晶等材料，也有部分材料来自红海、印度洋、小亚细亚。石材实现了古罗马的艺术理想。古罗马珠宝的重点从黄金转向宝石，充分利用了不同宝石的颜色和自然色泽，发挥其艺术魅力。

由于古罗马的纺织品不是用针线制成的，因此胸针成为古罗马早期最重要的装束服装形式。古罗马的首饰形式流行半球形，用于制作项链、耳环。人形硬币腕饰和戒指大量出现，因其形式别致美观，渐渐发展成实用性和装饰性并存的首饰制品。戒指面的样式可以是刻有精美雕刻的金面，也可以是雕刻宝石、雕塑、动物，或者只是普通的宝石。戒指不仅是古罗马人的装饰品，也是佩戴者个性和地位的显著象征。除了耳环，手镯、手链等，其他首饰在日常生活中也扮演着重要的角色。

（二）中世纪时期的欧洲首饰艺术特征

中世纪珠宝的主要类型是胸针、帽子和吊坠。其中东罗马帝国的拜占庭的珠宝首饰形态，却有几个值得强调的特点。

拜占庭珠宝首饰形制类似古罗马首饰，但其质感与古罗马器物的简约精致风格相协调，搭配精美的图案和风格。耳环主要有两种设计，贝壳形和彩绘。衣服的面料变得越来越轻，用来固定厚衣服的别针变成了纯粹的装饰。拜占庭珠宝采用有色宝石、珍珠等多种材料，继承和发展了古罗马社会的穿孔绘画和珐琅工艺，珠宝首饰的设计和工艺达到前所未有的高度。

（三）文艺复兴时期的首饰

与中世纪的珠宝主题相比，文艺复兴珠宝的主题扩大到包括希腊神话主题、传说和奇异的动物等。

吊坠和胸针是文艺复兴时期珠宝首饰的主要类型。如血红色宝石、蓝色青金石，各种形状和大小的宝石，尤其是巴洛克宝石的形式，常被用来表示身体部位。从14世纪到15世纪，哥特式珠宝以当时的哥特式建筑风格制作。最常见的哥特式装饰形式是壁龛形式的吊坠，坠体基本对称，两侧又微型立柱，人物小型雕像悬挂其中，形制细腻，风格写实。这种壁龛式挂坠的形制在文艺复兴时期相对比较流行，它起源于利比里亚半岛本土的装饰形式，在德国和意大利尤为盛行。16世纪后期，吊坠下悬挂着巴洛克珍珠的珠宝款式很流行。这些珍珠在吊坠中的作用不仅是装饰性的，而且在视觉上保证了整体构图的完整平衡。

（四）17至19世纪的首饰

17世纪珠宝的主题不再是以前流行的神话或古代哲学的主题，而是充满活力的花卉图案。这种时尚潮流起源于法国，并迅速传播开来。设计中使用了各种花卉甚至蔬菜，郁金香成为流行的主题。就形式而言，巴洛克珠宝简约、活泼，形式多样，多为对称、优雅、色彩斑斓、变化万千，显得精致高贵和庄严。17世纪时，珠宝首饰的加工技术取得极大的进步，宝石切割、镶嵌、抛光工艺达到一个新的高度。此前，金属宝石因无须抛光即可展现其美丽形态而备受推崇。然而，随着宝石刻面技术的发展，欧洲珠宝商的蓝宝石和祖母绿等小刻面红宝石除了其绚丽的色彩外，还会散发出闪亮的光芒，使他们发现宝石刻面技术为珠宝带来璀璨的一面。

同时，以往厚重的面料已经被柔软的丝绸和蕾丝所取代，让首饰的质感从坚固耐用转变为更加精致简约。18世纪中后期至19世纪，欧洲的政治经济相对平稳，此时的各领域装饰风格走向厚重乃至繁复，洛可可风格盛行。室内装饰、建筑业、服装或者首饰领域，都显现出一种自然精致的风格。巴洛克时代的奢华和集中，被摒弃了羽毛般的、花朵般的丝带、树叶、圆圈等线条简洁柔和，表达优雅与精致。

为了迎合日益流行的社交活动，我们还首次推出了各种形状、款式和材料的日夜珠宝。钻石广泛用于夜间佩戴的珠宝。同时，通过使用多种不同颜色的宝石和珠朗琉璃，丰富珠宝的色彩，彰显珠宝之美。宝石镶嵌技术的进步已将镶嵌的重量降至最低，让珠宝更加优雅精致。他们每天佩戴的珠宝都是用相对廉价的天然或者合成材料所制。例如，被平民阶层喜爱的短链，运用了伴生、次生矿物以及廉价的金属为材质，具有不同的功能和风格。它们可以挂在手表上，也可以挂在针、剪刀等小功能物上。它是一种类型兼具功能性和装饰性的珠宝首饰。

（五）新艺术主义首饰

19世纪后期，来自东方古老国度的珐琅艺术，以其明丽透亮的色彩、温润雅致的形制细腻有力的造型，错综复杂的线条为特征流行开来。受东方艺术风格的影响，枫籽球巧妙地做成梳齿状，并结合精致的装饰纹饰和工艺，受到上流社会一致好评。

此时的欧洲各地，新艺术运动都有其不同的特征和表现形式，但目标和目的是一致的，艺术上充满活力和耐久的设计。这些作品具有相同的结构，这意味着它们具有未绑定的水平线和垂直线。新旧世纪之交的艺术争鸣，都表现在这些或紧致或松散的线条纹饰之中，这也是新艺术运动的灵魂。

此时期，一大批富有设计才华的首饰设计师开始崭露头角。他们的珠宝首饰设计成为设计界里程碑式的作品，其中蕴含了跳跃式的创作视角，以及对本土文化的深刻理解，体现了高超精湛的设计水平。

法国设计师勒内•拉利克是其中的代表人物，设计风格独特，视角新颖。他的个性有些让人误解，这也是为什么有人称他为“隐士风格”，但在艺术方面，他的风格是清晰而聪明的。

莱俪设计珠宝始终以优雅和光彩的氛围为动力。他不仅制作珠宝，后来还制作玻璃器皿、香水瓶、花瓶等。莱俪曾创作过新艺术风格的雌性蜻蜓胸针。高度细腻的工艺将新艺术的审美精神体现得淋漓尽致。莱俪在蜻蜓翅膀上精心绘制的图画使它看起来醒目、精神和细节丰富。绿玉髓制成的女性形体柔软细腻，与蜻蜓的身形自然契合。蜻蜓的足部夸张，但又没有脱离写实的意味，这种组合前所未有，给人想象的空间，带来独特的视觉感受。鸢尾花、孔雀等动植物，常用作新艺术风格珠宝设计的主题。蝴蝶、昆虫、黄蜂和蚱蜢是莱俪的重要主题之一。莱俪将它设计成具有欧洲毛毛虫的颜色和形状，但腿上有刺，这些刺来自印度发现的一种稀有物种。珠子的大小和实物差不多，蜘蛛的头颅也非常精致，呈现出的作品相当完美。

乔治·富凯也是法国著名的珠宝设计师。1899年，他创作了一条有翼蛇形的项链和手链，代表了新艺术风格的设计形式。这件珠宝是专门为当时著名的女演员莎拉·伯恩哈特制作的，她扮演了埃及艳后的角色。一条闪亮的长蛇在他的手上覆了三圈，手背上挂着一条红宝石眼的蛋白石蛇头，一条蛇嘴里的金链子挂在看起来像蛇头的戒指。这个主题体现在阿尔方思·慕夏为莎拉设计的海报中。自此之后，福克的珠宝多乔治·富凯的设计，从而使之在上流社会更为普及。

另一件经典的飞蛇造型珠宝，由乔治·福凯于1902年设计。蛇身覆盖着深浅不一的翠绿色和反射光，让它的翅膀反射出微妙的光线。身躯、夸张的翅膀、张开的尾巴，不仅将蟒蛇的诡计表现得淋漓尽致，雄伟壮观，更有夸张的舞台效果。从蛇口流出的金色脉络中的珍珠和藻类的明亮色彩平衡了珠宝的整体质感，并与成年蛇的深色形成对比色。

新艺术运动期间，很多珠宝首饰设计师放弃了贵重金属和宝石等材质，而选择玻璃、陶瓷以及普通金属等廉价的材料，例如设计师莱俪。新艺术运动的过度技术方法是自毁的，在建筑中起核心作用的线条最终通过不分青红皂白的手段消失了，以曲线装饰为代表的新艺术运动风格的珠宝首饰设计也随之消失，而以简洁的直线为装饰特点的新设计风格开始兴起。

（六）装饰艺术风格首饰

1910年前后，继新艺术运动之后，法国巴黎，以建筑业为代表的装饰艺术运动兴起，并迅速传至美国、欧洲大部分地区。

装饰艺术运动中，充斥了多种文明形态的影响和融合，如古埃及尼罗河文明结合20世纪后期的现代风格共存，或非洲的原始艺术形式到俄罗斯芭蕾舞的闪亮和精美的影响，汲取无尽的灵感，结合时代的气息，营造出充满活力的风格，唤起遥远的、浓郁的异国艺术风貌。

和新艺术运动风格相较，装饰艺术采用简洁明了的直线以及对称的物象形态，例如艺术装饰风格珠宝改变其对自然的简单模拟，而转向明艳的色彩和精巧的形态构建特征，该珠宝多运用几何图案，以正方形、长方形、圆形等几何形状为基本设计元素，并列或重叠。在选择珠宝时，并不限定其经济价值，而是首先考虑它的色彩和特性，以及不同材质的搭配。例如海蓝宝石和钻石、红宝石和刚玉、紫水晶和黄玉以及玳瑁和象牙、祖母绿和黄玉等，寻求最具优势的宝石搭配形式，设计中包含了常见且廉价的材料，如牛角、木材、珍珠母、玻璃等。在珠宝艺术中，已开发出切割和镶嵌钻石的新方法，并将独特形状的宝石和凸圆形宝石用于珠宝制作。

勒内·拉里克也成功地在整个欧洲建筑界从新艺术风格过渡到装饰艺术风格，成为一名兼具新艺术风格和装饰艺术风格的艺术家。同时，莱俪创造了蜻蜓吉祥物，造型粗犷，别具风味的雕塑，棱角分明的立体效果，体现出鲜明的艺术装饰风格。对蜻蜓的身体进行喷砂处理，营造出朦胧的霜冻效果，进一步突出了蜻蜓翅膀的水晶和倒影。莱俪的两件作品都以蜻蜓为主题，与新艺术运动中著名的蜻蜓和人体结合的胸针比较，它在微观处更有微妙的形式感，有特殊的视觉特征。

和新艺术运动相比，装饰艺术运动更具有现代感，它把“功能大于装饰”作为准则，并影响到后来的设计运动中，长时期被设计界视为准则和经典，并产生了新的“机械生产”意识。虽然这一时期的艺术家和设计师并没有像新艺术风格的艺术家那样拒绝和抵制过度的工业生产，但对于建筑的出现，他们显然无动于衷。如艺术装饰风格几何首饰造型简洁，虽为匠人手作，但具有机器制作的风格，并不存在大规模的重复性，反映了简洁明了的装饰之美。

（七）近代首饰

20世纪后期，西方艺术家高举反主流文化的旗帜，寻求创新不同的艺术风格和形式，他们不再满足于帆布、雕刻刀和大理石。但因为他们运用不同材质、风格、主题表达自身的观点以及艺术设想，并设计到珠宝首饰领域。20世纪艺术家在珠宝设计领域均有作品，各具特色，留下了不朽、稀有和光彩夺目的一页。时至今日，我们仍然可以从这些创作中看到设计师对作品的理解和感悟，以及创作者的热情和珠宝所固有的新艺术理念。

例如，萨尔瓦多·达利，20世纪著名且成功的画家，在世界眼中是超现实主义的象征，在摄影、电影、文学创作甚至珠宝制作中独树一帜。达利带着疯狂的热情和令人惊叹的绘画表现方式游历了珠宝艺术的世界。

20世纪50年代创作了《时间之眼》《高贵的心》《夜蛛》《不死的葡萄》等多部珠宝作品。在作品中表达了对艺术与自然的理解，在陌生中流露出一种美丽的味道。唇形红宝石珍珠胸针，以金属和红宝石镶嵌而成，双唇之间的珍珠象征女性的牙齿，整体风格是写实和抽象相结合，抽象和具象融合的特点。

20世纪70年代是“朋克风”时尚的时代。闪闪发光的别针、夹子、拉链、链条和剃须刀，在全黑皮夹克上或在耳朵和腰部饰有摇滚乐队袖子，吸引年轻人效仿。在那个年代，任何东西都可以是珠宝，珠宝可以发光。

随着科技的进步，现代社会多元而充满活力的文化给人们的审美带来了更高的提升，回归自然，追求简约，珠宝设计呈现多样性。

四、现代首饰设计理念和脉络

（一）设计的含义

设计是构思、运营、计划和预算，是人类实现某个目标的创造性过程。珠宝设计也是人类的一种生物学和社会生活方式，起源于“工具制造者”的创造。设计是通过在自然界中添加材料，以创新设计呈现出天然之美。

（二）现代设计理念的发展对首饰设计的影响

作为英国工艺美术运动的首席大使，莫里斯的设计目标是支持工艺、恢复产品的完整性并提出社会和人道主义问题。这一事实使珠宝设计在材料、形状和纹理方面具有独特的工艺。例如，当时的珠宝设计师哈里斯•罗伯特•阿什比的作品延续了莫里斯的想法，运用了鸟类、花卉、植物根系等自然元素。选择在轮廓上。上面使用了圆润的曲线，手工镶嵌的方法结合了金属、宝石等材料，这种装饰表明了一种精致、大胆和浪漫的风格。

20世纪初，包豪斯学院第一任校长沃尔特•格罗皮乌斯的建筑理论对现代建筑伦理产生了深远的影响。通过将美术、工艺和建筑相结合，他寻求创造一种新的造型艺术形式。在他的领导下，包豪斯学院立足现代主义风格，强调对自然形态的理性分析研究，以及解构传统的设计作品，形成其特立独行的教学和研究方法，包豪斯培养的多名设计师，在现代设计领域，解决了很多工业产品设计遇到的现实问题。此时，包豪斯的“极简风格”风靡德国，并传播到西欧、东欧和美国。现代文明实用、艺术的形式。它的形式朴素简洁，没有多余的装饰内容。它是感性与直觉的结合。

当代珠宝设计旨在改善人、物及其自身环境，已成为视觉文化的突出特征。快速的社会和经济发展使得珠宝的销售更加透明。在某些时候，珠宝的情感和认知功能逐渐减弱和衰退。在这舞台上出现了一种被称为“现代艺术首饰”的新型首饰。与传统的珠宝制作相比，它更注重设计师的个性和态度的表达，对珠宝的材料、形式和工艺没有任何限制和要求。例如，一条项链可以用黏土制作。由金属片、片材、竹子等无纺布制成。这些材料用项链编织缝合在一起，不仅是项链，而且是一件衣服等。形状不拘一格，存在差异。

这种设计趋势体现了独特性和敏感性的有机结合，颠覆了传统的审美观念，融合了材料、工艺和人类情感，寓意“心”，起到引导时尚实践的作用。这一时期珠宝品类的界限变得模糊。

（三）其他设计类型的影响

不同的设计师和理论家在不同类型的建筑分布中，根据不同的概念，制订了不同的分类。一般有平面图将设计分为二维设计、三维设计和四维设计，也有三类设计也将设计分为建筑设计、工业设计和商业设计。此外，还可将设计归纳为视觉、产品、地点、时间和纺织品设计等五个方面。

然而，随着现代科技的飞速发展和建筑领域的扩展，过去存在的碎片化与当今社会建筑和创业活动的复杂性很难调和。近年来，许多设计师将设计分为不同的设计目标：交互设计—视觉界面设计；可用性设计—产品设计和现场设计—环境设计三类。

1.与视觉传达设计的关系

所谓的视觉传达，是包含在平面设计领域之中，是运用视觉为特定的媒介和线索，进行图形、图像之间的交流。珠宝首饰设计归结在较为复合的视觉系统之中，其中文字、标志和图像是视觉传达的基本设计元素。在视觉传达设计的领域中，把珠宝首饰设计包含的标志、展示、广告、包装甚至影视表现等进行综合表达，有的成为视觉点缀，有的成为视觉中心。

2.与产品设计的关系

产品设计包括工艺设计、工业设计（纺织设计、纺织品设计、交通设计、家电设计、工业产品设计、文具设计、军工产品设计）等。珠宝属于服装设计的范畴，很多高校设计专业的学生经常独立写这门课。与各大类产品设计一样，珠宝设计是结构、形式和功能的完整设计，创造出满足人们对功能性产品需求、经济、美观、可释放的功能、形式和材料的技术标准。

3.与环境设计的关系

环境设计是对人们生活领域的设计。包括城市规划设计、建筑设计、室内设计、外观设计和公共艺术设计。环境的服务对象是人。人物的妆容、装备、色彩、质感也要协调一致与周围环境和各种场合相融合。因此，这要求珠宝设计与现有的环境建筑规则相协调。

每一类设计都有其独特的真实性和规律性，但同时又都遵循着相同的设计建构规则，相互影响、相互融合、相互支持。

(四)现代首饰设计的条件

在当代首饰设计中、实用的多功能珠宝、量产的时尚珠宝、引领潮流和有竞争力的展示珠宝、客户设计或制作的套装珠宝。要设计和创造成功的珠宝，应该遵循以下步骤:

1.首饰的实用性与功能性

首饰的功能性和实用性体现在佩戴方式上，比如戴在手指上的戒指可以作为吊坠佩戴，说明首饰的多功能性。

2.首饰的潮流性

随着市场对珠宝的需求越来越大，人们不再局限于存放珠宝。完美的设计和先进的生产技术是当今人们所追求的。年轻人对时尚珠宝的认识越来越多。这也影响了珠宝的发展。

3.首饰材质的多样性

随着人们对贵金属首饰越来越习惯，翡翠、珍珠、蛋白石、碧玺等颜色的非贵重宝石慢慢走入大众视野，成为新消费者的宠儿。

4.消费者的青睐性

现代珠宝设计原则是珠宝设计师根据市场需要，充分考虑金属材料和宝石材料、珠宝的种类、美学、场合、人群及其制造成本和价值，经过加工后投放市场。

第二章　中国传统首饰文化的内涵和意义

第一节　传统首饰类别及功用

我国传统首饰历史漫长而悠久，清翟灏《通俗编》卷二十五：刘熙《释名》首饰篇："按冠冕弁帻簪瓔笄瑱之属，刘总列于此篇，则凡加于首者，不论男妇，古通谓之首饰也"。在文化长河中，对于文化和哲学，人们经常处在一种仰视的角度，很多视觉物象一旦赋予历史的厚重感之后，往往成为高高在上的文化现象，珠宝首饰的装饰意向将高出的文化现象重新归结到人类平等的视角，既是和生活息息相关，又折现出不同时期、不同地域的文化情感。

一、中国传统首饰文化中蕴含的美学因素

考虑现代人服装、发饰的特点，中国传统首饰虽已淡出人们的日常生活，但其独有的审美特点、文化内涵提取的元素依然值得借鉴。我国传统首饰文化中蕴含的美育因素主要包括以下几个方面。

(一)造型之美

中国传统首饰种类丰富，造型考究，以具有特定寓意的吉祥图案为主。从远古的图腾文化到日臻完善、逐渐成熟的图案设计，有翩

翩起舞的蜂蝶，有云雾缥缈的亭台楼阁，有生动活泼的顽童……大多数首饰的图案刻画精美，具有写实风格，描绘出花鸟、山水等，具有万千气象的传神美感。

不同的历史时期，中国传统首饰的造型有其不同的特点：商周首饰小巧简约，秦汉首饰繁荣富丽，魏晋南北朝首饰具有少数民族风格，唐朝首饰珠光溢彩，宋元首饰清新雅致，明清首饰华丽繁缛。中国传统首饰造型的变化诉说着不同时期政治、经济、文化的变更与延续。时至今日，部分中国传统首饰的造型仍保留在首饰设计中，足以引起国人的共鸣。如，姿态优雅的荷花造型首饰一直受到国人的青睐，雍容华贵的牡丹造型首饰一直是经典主题，模仿传说中异兽造型的首饰则体现着神秘的色彩。

（二）材料之美

材料是首饰文化内涵的载体，始于石之美玉，精于千锤百炼，繁于珠光宝翠。中国传统首饰的材料以玉石、玛瑙、金银、珍珠、松石、红蓝、宝石、羽毛等为主。

玉石是中国传统首饰的典型材料，或是如羊脂般的光滑质地，或是如青烟般的清幽色调，或是如翠竹般的勃勃生机。巧匠雕之，能工嵌之，其独特的物理性质和化学性质在我国传统思想的熏陶下转化为独特的精神文化内涵。玉石被赋予了美的意义：玉石是美德的象征，“君子如玉，温润而泽”，以玉比德、以玉养德；玉石是爱情的象征，“投我以木瓜，报之以琼琚”，情深义重，心心相印。玉石有着独特的神韵、气质，体现了中华文明的博大精深。人们将玉石的美德概括为“仁、义、智、勇、洁”，寄托着人们对和平、诚实、谦逊、典雅等美好品质的追求。

珍珠具有天然之美，有着绚丽的珠光，因其神秘的传说色彩、坚毅的个性品质而受人喜爱。我国民间流传着“千年蚌精，感月生珠”“鲛人化泪成珠”“明珠射体孕西施”等美丽的传说，一颗珍珠引发人们无限的想象，人们将其与诸多美好的事物联系起来。此外，从普通的沙砾到美丽的珍珠的转变，使珍珠之美被赋予了更深层次的意义：饱经挫折磨难，才会更加绚丽多彩。中国传统首饰之美不仅仅在于物理、化学特性带来的视觉享受，更在于其中融合了古人的智慧，可引发人们无限的遐想。

（三）工艺之美

中国传统首饰制造工艺历史悠久、内容丰富，融合了几千年来能工巧匠的智慧结晶，是东方文化的宝贵财富。玉石雕刻工艺、花丝镶嵌工艺、錾刻工艺、鎏金工艺、金银错工艺、烧蓝工艺、点翠工艺……时至今日，这些古朴的制作工艺从不曾被人遗忘，其被代代相传，是中国的骄傲，也是世界的瑰宝。玉雕工艺是中国独有的技艺，是大自然的馈赠与古人智慧的结晶，因材施艺、精心设计、精准造型、反复琢磨、化瑕为瑜。

花丝镶嵌作为一门极为复杂的传统宫廷技艺，通过掐、填、攒、焊、编织、堆垒等手法，将贵金属的柔韧性发挥到极致，改变金属固有的厚重感，使成品或薄如蝉翼，或细若游丝，精美无比。

中国传统首饰常以点翠或烧蓝进行装饰，呈现出湛蓝、浅蓝等色彩。如今，部分翠鸟已被列为国家二级保护动物，越来越多的能工巧匠在传承点翠技艺的同时，转而使用仿制翠羽，经过加工，使传统的点翠工艺呈现出新的面貌。

传统首饰工艺传承着厚重的文化内涵，凝结着能工巧匠的智慧，在现代社会演绎着工匠精神，指引着人们继往开来、开拓创新。

（四）祈愿之美

祈福纳祥是中国传统首饰文化中的重要主题，反映了人们对美好生活的向往。古人将生活场景通过造型、纹样、色彩等生动形象的手法融入于首饰当中，形成了“图必有意，意必吉祥”的模式。

中国传统首饰传达祈福纳祥主题的方式主要有两种。一种为意象，放大某种事物的某特点，赋予该事物美好的寓意。如长命锁，彰显“锁”的象征意义，锁住生命，使之延续，表达对生命的祈福。另一种是谐音，利用该事物的谐音，将该事物与吉祥语联系起来。单一个“福”，便引申出多个祈福主题：以蝙蝠图案装饰于首饰，取谐音“福”；以葫芦造型、图案装饰于首饰，取谐音“福禄”；以蝴蝶造型、纹样装饰于首饰，取谐音“福”“耋”，表达祝福祝寿之意。中国传统首饰长期以来承载着中华民族对于美好生活的祈愿，形成了独特的审美趣味，体现着人们质朴的价值取向。

（五）礼仪之美

古人云“不学礼，无以立”，中国向来是礼仪之邦。中国传统首饰承载着浓厚的礼仪文化。发簪与笄礼、冠礼联系紧密，在现代社会受到了人们的关注，被赋予了时代意义，寄托了对个人价值、人生责任和社会角色的提醒。

于自身，懂礼、讲礼，品行得当，自立自强；于兄弟姐妹，团结和睦，相互关怀；于父母、师长，敬爱、谦逊，常怀感恩之心；于国家，心怀天下，志存高远。不同时期，中国传统首饰的礼仪之美被赋予了不同的内涵，一脉相承，延续发展。

（六）文学之美

中国文学史上流传至今的诗词歌赋不计其数，写尽世情。历史上不乏文人墨客对中国传统首饰的赞美，寄托恋人的款款深情，描绘女性的曼妙身姿，道尽世间的繁华。如，《定情诗》中写道：“何以致拳拳？绾臂双金环。何以道殷勤？约指一双银。何以致区区？耳中双明珠。何以致叩叩？香囊系肘后。何以致契阔？绕腕双跳脱。何以结恩情？美玉缀罗缨。何以结中心？素缕连双针。何以结相于？金箔画搔头。何以慰别离？耳后玳瑁钗。”恋人间千丝万缕的联系都用各式各样的首饰表现出来，描绘得既细腻又深情。《孔雀东南飞》中亦有对佳人衣饰的描绘：“足下蹑丝履，头上玳瑁光。腰若流纨素，耳著明月珰。”刘禹锡的《和乐天春词》有云：“行到中庭数花朵，蜻蜓飞上玉搔头。”精美的发簪竟可与满园的春色媲美。诗词展现了中国传统首饰的魅力，丰富了人们的审美，让学生在感受文字语言魅力的同时，联想到中国传统首饰的文化内涵。

二、传统首饰的功用

中国首饰有着悠久的历史，深厚的文化积淀。对于漫长的中国传统首饰发展历程来说，新石器时期、南北朝时期、宋、元和明代是至关重要的几个环节。在这几个节点中，首饰无论是外形构造、材质、工艺技法包括文化内涵等都有了极大的发展和变化，由内及外影响了传统首饰的发展过程。

（一）原始社会时期的首饰

关于首饰因何起源，学术界众说风云，但有文字记载的首饰历史从新石器时代开始，例如浙江河姆渡出土的兽牙项饰、良渚出土的玉珠管项饰以及北京周口店出土的石材珠串等，应该是人类历史上最早的首饰。

时间再往后一些，同一历史时期的红山文化、良渚文化等到新石器遗址发现的首饰，开始有了中华文明的特征。这些特征奠定了中国传统首饰的基础。可以说，中国传统首饰最早出现在石器时代，此时的首饰，反映了当时人们对首饰文化以及各种礼仪形式有着原始的哲学元素，材质有动物牙骨、竹木、玉石等，首饰造型来源自然物象以及动物形态，如饕餮纹、鸟纹、水纹、云纹等等，其功能在于大典的礼仪功能，区别身份，以及装饰作用。这种映射的首饰形式，一直延续至先秦时期，直到汉代，才被金、银等材质首饰形式替代。

（二）夏、商、周时期的首饰

这个时期的首饰使用的材料相对简单，主要是竹木、玉石等。造型特征是玉石首饰无论是在工艺技术还是造型方面都已趋于成熟，其造型风格对后来的青铜器纹饰有很大的影响。商代出现了最早的成套的黄金铸造首饰，但在这一时期，锻造工艺基本为零。玉首饰在当时贵族礼服上已经成为一种不可或缺的装饰，并形成独特的玉文化。

（三）春秋战国时期的首饰

春秋战国时期的首饰材料基本以玉石为主。工艺上，金属加工工艺发展迅速，无论是锻造还是铸造，镂刻工艺都十分高超。金银错工艺，成为这一时期金属工艺的代表。除此之外，在这一时期，还出现了琉璃。这时候的纹饰更加复杂。

（四）秦汉时期的首饰

秦汉时期国家统一，经济逐渐繁荣，首饰的材料也逐渐丰富起来，金、银等贵金属开始大量地运用到首饰中。在这一时期，还出现了第一本专业介绍首饰的书：东汉刘熙的《释名》中的“释首饰”。

（五）魏晋南北朝时期的首饰

南北朝时期，中原地区的首饰文化和少数民族的首饰文化进行了融合和交流，在我国首饰史上成为自原始社会至汉代以来的第一次变革。

在此变革中，金、银等贵重金属材质的首饰成为主流，虽然北方游牧民族的装饰特征和形制一直保留，和中原汉族装饰形态并未很好融合，这种现象直至唐代，首饰风格特征才被很好地融合消化。南北朝时传统首饰的类别和形制特点基本固定，并一直延续后世，直至清代。

此时的首饰，其中一部分融合先进的文化形态得到传承、进步和发展。例如，魏晋时期贵族阶层女性喜高发髻，真发和假发层叠在一起，由此而演变出新的钗和簪的形式，北方流行的双股发钗和冠饰演化为步摇簪。还有一部分早期首饰渐渐消失，例如腰鼓形的耳珰不再流行，从而被耳环、耳坠取代，材料由以玉、石为主变为以金、银为主。这个时期，首饰加工工艺有宝石镶嵌工艺、金属高温锻造、拉丝、编织工艺等等，逐渐成为首饰的主要制作工艺，为唐代金镶玉首饰工艺发展打下基础。

（六）隋唐时期的首饰

隋唐时期的首饰形制，以头饰为例，发饰更为高大，在天宝年间出现了“花钗礼衣”制度。材料以金、银为主，工艺上以金属工艺中錾花和镂空为主。金镶玉工艺非常有特色，成为这一时期金属工艺的代表。题材选择有十分明显的西域文化特征。

（七）两宋时期的首饰

这个时期的首饰工艺诞生了较为成熟的“金工锤鍱法”，此工艺和现代模具工艺十分相似。即先在铁制模具中对金属进行锻造，出粗坯，之后再经锤锻、打磨等精工雕琢，可形成一定规模的批量生产，且工艺十分精致。宋代是我国历史上文化艺术的巅峰时期，首饰艺术工艺已成熟，且种类齐全，造型丰富。单是钗就有几十个品种。材料还是以金、银为主。设计题材有动植物、传说人物、生活场景等等，有宋代“文人画”“风俗画”的特征。

（八）明代时期的首饰

这一时期，强大的海外贸易不仅丰富了明朝的国库，刺激了经济，大批的宝石、珍珠等珠玉材料涌入国内。“商业扩张”成为明代中期之后显著的社会经济特征。社会创新蓬勃发展，活力如雨后春笋般萌芽。这种消费心态的特点是追求舒适的生活，追求现代的舒适和满足。商品经济正在全球范围内迅速增长和传播。凭借其绚丽多彩的宝石、绚丽的色彩和高颜值，成为明代时期奢侈品消费时尚的首选。因此，明代珠宝经历了独特的蜕变，历代相传。珍珠首次成为我国珠宝最重要的组成部分，而中国珠宝设计是原创的。珠宝项目是宝石、黄金和白银。艺术品主要是花丝注入的宝石艺术和手指艺术。设计主题主要继承宋元世俗风格，以龙凤、花鸟、昆虫为中心主题。

（九）清代时期的首饰

清代的珠宝首饰艺术并没太大的发展和创新，基本延续之前的风格特征。自清代中后期，宝石、珠宝贸易热渐渐冷却。清代首饰多用圆点翡翠和圆点蓝来代替宝石，但基本与明代首饰设计无异。以我国历代传统首饰制作历史为基础，每一次的开放与交流，都能带来更大的发展。

第二节 中国传统首饰的纹样与文化寓意

一、中国传统纹饰的含义

（一）纹饰的概念

纹饰（纹样）是指器物上的装饰图案的总称。根据其骨式架构，可分为单独纹样、适合纹样、隅饰纹样（即角隅纹样）、边饰纹样、散点纹样、连续纹样（包括二方连续、四方连续）等。从题材上，可分为动物纹饰、人物纹饰、几何纹饰等。纹饰承载了中国数千年的传统文化，体现了人类的审美情趣等方面。

（二）传统纹饰的形成

传统文化艺术历经五千多年，承载着精神文明的发展，而装饰文化是其中重要的环节，体现在人类生活的方方面面。在各历史阶段的文化现象中都表现得淋漓尽致。

中国传统装饰品，旨在适应现实生活中的目标。古人对彩绘器皿的装饰，最初是在未完全干燥的情况下，用黏土或木器敲打黏土坯的表面制成的。

珠宝艺术在文化中的情感意义是不断变化和演变的对象。对世间万物如何变化和成长的理解，以及对现实生活的耐力和态度的再生。

纳香的吉祥物可以概括为动物符、狮子符、麒麟符、龙符、凤凰符、鸭子、松树、蝴蝶、鹤、蝙蝠和青蛙，等等。象饰是最常见的装饰形式，历朝历代广泛使用。例如，六国墓画中的石耳、独角兽，均以“狮子”为原型，象征着打怪、仕途顺利、吉祥如意。比如清代银麒麟挂件，整个挂件直径385毫米，底座直径80毫米，底座上雕刻着精美的麒麟。圆点是一个形状像切好的桃子的符号，象征着和平。

植物纹饰图案借鉴了符号谐音或民间对符号的解释。植物装饰通常与动物装饰有关。比如双寿银饰，整个银饰由两个落下的石榴和寿桃组成一个“八”字形，上面刻有理想和真实的祈福愿望。图片具有不同的色调、独特的形状和更深的含义。

可见，“祈福纳祥”的传统似乎并没有完全抛弃形式本身的意义和本质特征，反而更加重视文学语言和装饰艺术。比如山东产的鹿鹤春银挂件，整个挂件保留了鹿和鹤本身的造型，清晰地展现了鹿的力量和鹤的长身。

认识到外观的变化，这棵树混合在两种动物之间，通过符号和物理环境发展了简单的人类习惯和想法。

二、中国传统纹饰与珠宝首饰设计

中国现代珠宝首饰设计中，传统文化元素随处可见。设计师将传统文化符号打散并重构，符号加入自身的理解和创意，将新颖独特的传统特色引入珠宝，巧妙地融入当代美学。中国传统装饰等艺术形式是文化发展和历史变迁中的宝贵财富，珠宝设计更应符合当代人的审美，增加珠宝历史文化的传承是设计的必要条件，增强文化意识。

（一）传统文化在装饰中的表现

传统的装饰纹饰包含的寓意，体现人们的理想、追求以及对自然的敬畏，其中的文化内涵，至今仍影响着现代珠宝首饰设计的发展。

无论石器时代的陶器、石刻、墙壁上的简单雕刻，还是后来的瓷器、漆器、纺织品上的精细雕刻，都来自当时特定的社会文化背景。中国传统装饰艺术是结合多种形象方式来表达珠宝首饰的设计灵感。人们数千年来历经艰辛，他们把理想、希望和祝愿寄托在许多装饰形态上，如纹饰中的吉祥动植物、文字以及神话传说人物等等，例如“喜上眉梢”“凤穿牡丹”等纹饰。珠宝首饰设计中的时尚观念结合传统文化元素，是现代设计师愿意去思考、去实践的事情，它体现了积极向上的民族精神。

（二）符合当代审美需求

时代在发展，人们的审美需求也在不断发生改变，不同地域、不同民俗，不同的个体对于“美”有着不同的看法，而传统文化元素的运用总是符合当代人的集体审美。它不但承载了丰富的情感需求，也是文化的延续。这种审美参与到人们的现实生活，几乎无处不在。传统形式的珠宝设计受到许多人的赞赏，因为时尚和美丽与现代审美保持同步，符合当代文化的认可。例如深受年轻人青睐的现代银饰设计，夸张的外形加入民族吉祥文字和符号，形成时尚和传统兼有的完美结合。因此，传统首饰形制和现代珠宝工艺的有机结合，成为现代审美的视觉中心。

三、中国传统纹饰在珠宝首饰设计中的应用

中国传统纹饰在当代珠宝中被广泛使用。它们与中国传统文化特色的珠宝制作相结合。

要充分展示传统文化在设计师制作的珠宝中的重要性，需要尊重历史，促进珠宝中传统图像的加工，理解图像中的文化内涵。

（一）吉祥动物纹饰的运用

史前器物上的纹饰，不仅仅是原始的装饰艺术，也是一种共同体的标志，都经历了由繁至简，由具象到抽象的演变过程，最终形成一定的符号语言，其中动物纹饰一直被广泛运用。直至如今，现代首饰设计中，设计师往往将具象的图像进行拆分，选取其中某个或几个元素进行变化后再填充，从而呈现出的作品既有个性化的现代时尚表达，又体现传统文化的内涵。

如纹饰中常见的“壁虎”谐音“避祸”，象征祸去福来的美好愿望。又如“五福捧寿”纹，是中国民间广为流传的吉祥图案，多用于儿童的吉祥锁中。由五只蝙蝠围绕一个“寿”字或者寿桃构成，象征多福多寿。又如凤鸟纹，多出现在女子出嫁时被面、床帏之上。最早的凤鸟纹出现在商代青铜器之上，《说文》四云：“凤，神鸟也。天老曰：‘凤之象也，鸿前麐后，蛇颈鱼尾，鹳颡鸳思，龙文龟背，燕颌鸡喙，五色备举。出于东方君子之国，翱翔四海之外，过昆仑，饮砥朴，濯羽弱水，莫宿风穴，见则天下大安宁’。”在古人心中，凤为群鸟之长，是羽虫中最美者，飞时百鸟随之，尊为百鸟之王，有吉祥的寓意。除此之外，凤鸟纹往往和龙纹结合，有“龙凤呈祥”之意，象征夫妻和合，幸福美满。

龙凤相结合的纹饰在现代珠宝首饰设计中也有出现。国外一些珠宝品牌，已察觉到中国传统龙凤纹饰在珠宝装饰中的特殊地位，在提取龙凤纹饰元素的基础上，加入现代简约的廓形，采用合金、开金等材质，设计出充满东方神秘气质的精美首饰。国内的周大福、周生生等品牌，至今还有龙凤纹饰的手镯、戒指等产品，用于儿童首饰和婚礼三金中。

吉祥纹饰的运用，除了动物之外，还有人物图案也在首饰设计中出现。如“状元及第”纹饰，起源于明代，盛于清代，图案由三个儿童组成，中间儿童高举冠帽，表示高中状元，身边一左一右两名儿童手捧如意和喜报以示庆贺。此纹饰多出现在金、银锁片和小元宝之上，年节时送于儿童，以视对其学业有成的期望。这些不同形式、不同寓意的纹饰，被运用到现代设计的多个领域，如室内软装、公共设施、服装以及珠宝首饰设计中。

（二）文字图案的运用

文字纹饰常用于复古服装设计中，福字常用于象征长寿和幸福，而理想的云纹则常用于珠宝设计中。中国繁体饰品在首饰制作中广泛使用，其中繁体细字以“字”形为载体，在饰品制作中与其他饰品一起，常用字有福、禄、寿。珠宝中字体文化的运用，是对不同时期社会现实的反映，让我们了解各个时期的语言和文化意义。

可以看到，中国传统文化在珠宝设计中得到了完美的表达，现代设计师要结合以往的良好经验，充分大胆的发挥创作，要融合中国传统饰品的魅力，展现其独特的韵味。

第三节　玉石、陶瓷等材质首饰的兴起与文化传承

一、玉石首饰文化发展

玉石历史悠久，品种繁多，材质各异。但人们对珠宝文化所做的理论研究相对有限。尽管在一些重要的背景下对不同时期的珠宝材料进行了研究，但关于翡翠珠宝及其文化意义的讨论却很少。因

此，我希望与学者、专家和读者就玉器的深厚文化底蕴、玉器的材料特性和制作工艺进行一次深度的探讨。

（一）我国玉石首饰文化的历史底蕴

首饰，最初由头饰、发带、耳环等组成，用于装饰头部。耳环、手镯等是当今常用的。自古以来，人们就一直使用各种天然材料制作首饰，传统上不分性别。笄，又称笄，是中国传统工具之一，是将头发扎成发髻。从这个词的定义来看可以看出，最早的简单发饰主要是用“竹”为材料扎头发或用木笄、蚌、骨头等材料制成。随着玉石的发现，玉珠首次成为使用最广泛、最受欢迎的首饰。秦汉时期制作的首饰多以玉、玳瑁、犀牛角、天然石晶、翡翠、铜、银、金等贵金属为原料。随着这些材料的使用，装饰过程变得更加复杂。

到了唐代，随着生产力的兴起，经济繁荣，思想更加开放，尤其是“花簪礼装”（不同阶级的妇女佩戴不同的发饰和服装，他们穿不同的衣服结婚），服装礼仪非常完整，当时的女性珠宝非常丰富多彩。发饰包括发夹、梳子、篦子、步摇、翡翠卷发、金银宝物等。发制品种类繁多，产品主要有玳瑁、天然水晶石、珍珠翡翠、铜、金、银等。清代以金、银、铜、骨、蛋壳、珊瑚等广泛用于女性饰品。富贵以精金、玉为饰，普通百姓以铜、银、玉为多。

虽然千百年来珠宝的种类发生了变化，但可以看出翡翠在整个珠宝制作中都非常重要，翡翠已成为人们的首选、最受欢迎的珠宝。我国自古素有“玉国”之称，佩戴玉珠已成为我国民族艺术的象征。自西周以来，玉制的装饰品就已经流行起来。所谓“君子德比玉”“君子无故玉不离身”，反映了当时社会的“崇玉”成为常态，体现出人们对玉饰的喜爱。

一直以来，人们佩戴翡翠首饰不仅时尚，还承载着人们向往的祥和。例如，它被用来祈求平安。许多玉雕饰有各种装饰图案，反映了中国传统民俗文化的淳朴。现代翡翠首饰继承了古代翡翠首饰传统的精髓，如“福禄双全”“福寿三朵”“麒麟送子”等诸多翡翠首饰至今仍流行。还有其他的玉饰，如“瓶”（类似“平”）意为“和平”，环形意为“圆满”“团圆”。

总而言之，翡翠首饰作为一种首饰工艺文化，长期以来人们都将其视为珍品，收藏、赞美，在特殊情况下，翡翠首饰被视为一种浪漫的姿态。

我国玉石首饰有着深厚而广泛的传统。玉器文化在历史长河中演变，不断地被创造和兴起。

（二）玉石首饰的装饰语言

翡翠可分为软玉和翡翠。软玉包括白玉、蓝宝石、黄玉、黑玉和碧玉，我国和田玉—羊脂白玉，体滑，内有光泽，外观清凉，质地致密、洁白，柔韧，其透闪石的成分99%，产量有限，价格非常昂贵，和田玉每公斤20万元以上，远高于黄金价格。和田玉制成的首饰是翡翠中的极品，非常珍贵；还有一种玉石，在我国称为“翡翠”，绿色为佳，质地不脆不裂，它属于珠宝，质量上乘，颜色惊人。世界各地的人们都喜欢用绿色来赞美地球的变暖和万物的再生。翡翠制成的首饰品种极为稀有，美观大方，是任何宝石都无法比拟的。

俗话说：“玉不琢，不成器”。以翡翠为主，每一件翡翠首饰都是经过深思熟虑制成的，各种形状和形式都有特殊的含义，或吉祥或幸运或祝贺。小巧玲珑，这些以人为本的珠宝，要经过锯、珩磨、抛光、打蜡等工序，经过精心设计和精细加工，每一件珠宝都美轮美奂，熠熠生辉，充满独特魅力。让人爱不释手，时至今日的一些精美首饰，发饰、耳环、项链、手链、配饰等都是用翡翠制成的。

（三）玉石首饰文化的现状

在玉石富裕的现代，翡翠开采的增加和翡翠装饰技术的进步，使得翡翠首饰更受大众欢迎。如今，用翡翠制成的摆件有瓶形摆件、生肖摆件等。同时，其他抽象的现代图案被用作装饰元素，如正方形和菱形。玉器文化发展至今，必然具有时代特色。当今市场上的很多首饰都结合了新颖的设计、精细的做工和金属首饰的元素，有机的结合使翡翠首饰闪耀，金中玉和铂金中的玉，金中的翡翠，会让它呈现出别具一格的魅力。

纵观古今玉饰的创作与蜕变，传统玉饰随着不同文化的涌入而迅速变化。许多历史上流行的玉饰（包括玉簪、龙钩、顶佩、盘指等）实际上已经从消费市场上消失了。但在文物店或古玩市场仍能找到，极具收藏价值。玉器不仅是一种商品，更是一种文化品位的象征，是文化与美的有机结合。珠宝的美要表达得恰到好处，也就是说，只要选对了自己想要的珠宝，就可以给他人和自己带来愉悦的美感。

因此，就佩戴者而言，必须考虑三个方面，一是佩戴者的性格、形式、状态等；二是佩戴的地点、时间等；三是佩戴者的着装风格、颜色、质地等。只有在正确选择可穿戴的基础上，才能充分发挥珠宝的审美价值，让佩戴者更加美丽。如今，玉饰品的使用越来越流行，从而更加个性化和时尚化。

（四）玉石文化的哲学内涵

人们以各种直接、间接、微妙和明确的方式传承历史文化遗产。诗歌、书法、绘画等历史文化书籍。还有珠宝玉石文化也是其中之一。珠宝玉石文化与我国文明的起源和发展息息相关。我国幅员辽阔，矿产资源丰富，也为珠宝玉石文化的发展做出了重要贡献。我国使用珠子和玉石作为珠宝和配饰的历史悠久，并且不断繁荣和进步，创造了一种独特的文化。

人们凭借自己的匠心独运，慢慢挖掘、切割、研磨等原始珠宝和玉器的加工方法。此外，我们还可以从这些珍珠和玉石上的图案中看到人们对饰品的喜爱，对制作工艺的创新，这对于研究哲学文化和遗产具有重要意义。春秋战国时期，随着思想文化的兴起，珠宝玉石传统与各种思想传统一样，具有新的重要性。例如，将玉文化与君子文化和君子的生活方式进行比较，玉的形状和颜色不再只是一种审美形式，而是与行为和生活方式相关联。而质地温润的玉则是谦逊之人的标志。

随着人类文明演进的过程经历，珠宝玉石文化与其他文化发展一样，进入了一个新的阶段。这一时期，珠宝工艺水平和玉石制作水平有了很大提高，珠宝玉石饰品受到了很多人的欢迎，佩戴珠宝玉石创造了一种时尚，珠宝玉石文化也在这种流行的背景下蓬勃发展。

两宋时期，商品经济和士大夫阶层的发展，将珠宝与书画等玉文化艺术联系在一起，同时将这些普遍流行的物件人性化。在此期间，珠宝和玉石文化发展成为艺术的土壤。随着工艺的发展，明清时期的珠宝玉石越来越精致。

我国的珠宝玉石传统有着悠久的历史、传承和影响至今。每一代人都以自己的行为和理念不断丰富着珠宝玉石文化。了解我国的珠宝玉石，不仅需要体验它的工艺，更需要学习和发扬它自古以来所继承下来的历史文化和精神。

在我国，珠宝玉石检测可以从多个方向入手，审美可以从我国传统美学入手。例如，一些珠宝玉石本身就有许多纹路，这些纹路可以与我国的传统审美联系起来，如流水、松纹、红枫等可以与之搭配的纹路。在保留原粒的基础上制备，以显示珠玉的自然属性。这种对自然美的怀旧追求也是我们文化的重要组成部分。

二、陶瓷首饰的美学探索①

（一）陶瓷饰物的历史和发展

陶瓷是我国的国粹。新石器时代早期，陶器便出现了。伴随着人类文明的进步，这一“来源于土，诞生于火”的艺术不断丰富、成熟、推陈出新。中国陶瓷经历了从陶到瓷，陶、瓷齐驱的发展历程，被喻为中国文化的象征。

人们已将制陶技术用在饰物的制作上，陶瓷饰物早在八千多年前就已经出现。西安半坡、河南庙底沟文化遗址出土的圆形、五角、六角、七角等各式陶环。以圆环为例，两个圆环相扣连结在一起，不能解开，可供把玩，环的内面有明显的磨损痕迹，应该是两环相互摩擦所致，说明这副环曾经做过多次转动。同时，在新石器时期文化遗址中，多次发现陶球。有灰陶球、彩陶球、红陶球等。球体表面光滑圆润，留着清晰的把玩痕迹。这几件器物可能是儿童玩具，但已体现出陶瓷首饰的特性。特别是彩陶球和红陶球，上有小孔，为中空，转动时能清晰听到内部的响声，球体上的小孔，也可能是串连绳子用的,也可能是人们悬挂在颈部、腰部作为装饰用的。因此，我们可以说，从那时开始，陶质的饰品就开始出现了，当时的人们也许不会想到,这些简简单单的陶环和陶球，实际上开创了陶瓷质装饰物的先河。此外，偃师二里头夏代遗址出土了用泥条盘卷的白陶饰品,中心有穿孔，可能是钉缝在织物上的装饰件。陶珠就质地和工艺而言，可能是绿松石等半宝石珠子的替代品。河南郑州上街的商代遗址中，根据考古报告显示，出土了陶珠167颗，有灰色和棕色两种，扁圆形，直径不到1厘米,中有穿孔。可能当时是串连在一起的。战国之前，我国制陶工艺已经比较普遍，陶制的饰物应该较为广泛运用，但由于材质易碎，不易保存，因此存世的实物很少，也缺乏图像资料。

琉璃（玻璃）,即是“釉”，琉璃可以看作是一种釉料，因此也属陶瓷范畴。我国玻璃起步较晚，大体始于商代末年或西周初期。中国古代玻璃成分非常复杂，大多属于现代玻璃范畴中的低熔点硅酸盐玻璃。已知的中国古代玻璃配方有铅锐、高铅、钠（碱）、钾、钠钙等成分，而这些正是陶瓷釉料常出现的原料。一般认为，我国古代的琉璃工艺最早可能是从地中海沿岸经北方草原之路进入中原，进而形成独特的配方和装饰特征。

春秋战国时，我国的琉璃铸造技术已经趋于成熟，器物在审美取向上受到玉文化的影响。战国时，就出现了典雅迷人的琉璃珠饰。战国前期的琉璃珠是以浅绿和浅蓝色为主，除了珠状，也有小管状。战国不少琉璃珠，是以陶坯为胎。例如陶胎琉璃“蜻蜓眼”,虽不全是陶质,但它的制作工序是“将陶土或石英混合体制成胎体，然后在胎体上用色料绘制图案后烧制成成品。战国时期各种形制和装饰风格的蜻蜓眼琉璃珠和琉璃管，都属琉璃，烧出来的效果通透璀璨，绚丽夺目。同时期，出现了有眼圈图案装饰的陶珠，灵感明显来源于“蜻蜓眼”琉璃珠。

陶瓷材料在服装中的运用，相对于贵重金属以及珠玉等材质

本章节源自张维纳：陶瓷饰物初探2011年中国美术学院硕士毕业论文

来说，虽然适用范围不广，大多也是作为装饰物中的点缀，但价格低廉，材料普及，特别是到了唐宋时期，随着陶瓷业的发达，陶瓷材质的配件开始广泛出现。特别是宋代人们喜玉，而上釉的陶瓷配件色彩、肌理与材质质感上和玉相似，因此得到喜爱。至清代，饰品制作十分繁荣，材料和工艺多样，从宫廷到民间，瓷珠、画彩瓷珠都很普及。琉璃珠饰在服饰配件中也开始普遍运用，南朝时，就出现了有琉璃珠子装饰的绣鞋。宋代琉璃饰物配件就很普及了，簪带琉璃饰物都是当时时尚的风气。到了清代，色彩亮丽的清代琉璃珠，在琉璃首饰史中有一定地位。陶瓷、琉璃珠饰在宋元开始就作为装饰少量运用到整体服饰中，之后一直延续到清代。例如，一款清代嫁衣中的彩绣镶边流苏云肩，用了一些瓷质的小珠子和小圆片以及琉璃珠、金属片作为装饰，这有别于霞帔、云肩上的金玉装饰。

（二）陶瓷饰物的类型和作用

1.作为点缀的陶瓷饰物（纽扣、胸饰、项饰等）

在整体服饰中，饰品是不可或缺的重要部分，随着人们审美水平的提高，在佩饰的选择上不光停留在金、银、宝石等贵重材质上，他们更多追求彰显个性、自然休闲、率性的东西。土具有很强的可塑性，通过揉搓、挤压、卷曲、锤击等各种方法几乎可达到随心所欲的形态。由于它成型的不可预知性,与水的融合时、在空气中风干以及在火中淬炼的过程中自然产生许多变化，遇到无数种的偶然。许多“偶然”中达到的艺术效果是精雕细琢永远无法做到的。

陶瓷作为服饰中的点缀，其市场已遍布全球，“陶瓷首饰”的理念由法国瓷艺家贝尔纳多提出。现在，很多国家都有了自己的陶瓷首饰，发展迅速。在服饰中，陶瓷纽扣、胸饰、项饰等形式作为装饰和点缀已经开始出现，瓷珠、瓷片、瓷块佩件，未上釉的陶质首饰，软陶首饰，珐琅首饰，还有瓷片包镶首饰都属于陶瓷首饰范畴。它摆脱了以往传统饰物着重体现价值的重要功能，最大限度发挥其作为装饰的作用。现代饰品在设计理念上，很大程度上追求返璞归真，陶瓷饰物是实用性与艺术性相兼顾的一种装饰形式，它利用自然界的泥土材料的特性，运用多种独特的装饰方法，将现代艺术与陶瓷工艺融为一体，而陶瓷材料中釉与火的不可知性形成了陶瓷饰品有别于其他材料饰品的工艺特质，釉同泥和火的熔炼之后，会出现丰富的变化，带给人们意想不到的结果，这是其他材质所不能替代的。因此，陶瓷材料被大量运用于现代服饰设计中。陶瓷饰品取材方便、价格相对低廉，且对人体无害，符合现代人的审美需求。其材料本身的语言决定了它具有独特的视觉效果。是陶瓷饰物所表现的灵魂所在，是它的造型以及釉色的表现和变化的体现。

2.作为服饰出现的陶瓷饰物

现代乃至未来的服饰设计具有不可测性，风格多变，无论设计师怎样想象未来，设计中的构成形式和设计语言表达的内在韵律是最为重要，创作的服饰美观与否受到当时美学的支配和人们情趣的左右，然而很多时候，服饰的形制仅仅为了彰显设计师的审美体验和个性的表现。

无论是怎样的服饰形制，上衣、下裳、裤装、裙装、裹腿，或者帽、巾、带等，从古至今，总是以丝、麻、毛、棉、皮草等天然材料或化学纤维和人工织物面料包裹住身体，或者少量运用非织造材料，例如金属、塑料、贝、骨等，非织造材料在服饰中的运用。在我国，最早可以追溯到汉代金缕玉衣，虽然用玉片和金属丝缀连的“玉匣”只是身份和等级的象征。到了宋代就已出现其雏形。那时就有人在上衣内侧缝制上竹节，以求得服装的硬挺。可以说，这是最早的非织造材料运用在整体服饰之中。欧美等国家把各种非织造材料被运用到服装当中，例如金属材料。之后，非织造材料被设计师陆陆续续运用到个性设计之中，不单单作为服饰中的配件运用，而是成为主体部分。这种服饰形制的造型手法，一直沿用至今，虽然并不占设计主体地位，但是却一直存在和发展着。设计师的作品中，时常会出现由木、塑料、玻璃珠管、珠片连缀而成的胸衣、上衣等。如某著名设计师设计的非织造材料的服饰，经常选用金属、竹木、贝壳等硬性材料制成片、珠、管、条等小型饰片构件，连缀而成整体服装。例如他设计的一款的金属片连接迷你连衣裙,整件裙装由金黄色金属链缀成，富贵华丽。又如另一名著名设计师设计的一款长裙,全部由竹条编织而成，肩部干脆就是两把木质檀香扇，极具个性。或一款晚礼服主体由贝壳串联而成，颈上装饰羽毛，风格独特华丽。

纵观从古至今的服饰设计，陶瓷材料作为服饰面料材质的主体的运用较为少见。陶瓷来源于土，受阳光雨露的润泽，在烈火和高温中诞生，冷却之后如玉如冰，和人体肌肤接触后无任何不良反应，且来源广泛，就地取材，与其他金属、塑料等材料相比，有其无法比拟的优点和个性。有些时装设计中我们可以看到整件服装由金属片或者塑料管拼合而成，但由于金属、塑料等材料具有一定放射性，对人体有一定的害处。贝壳、骨等材料也由于受到材料本身性质的限制，无法做到随心所欲地塑造各种形态，而且造价较高。陶瓷材料具有多样性、耐久性的特点，它既易于延展和弯曲，也可推拉、压缩、模制、浇铸、打磨，既可快速简单生产成型，也可非常精确地塑造成型，表面还可制造出各种肌理效果，能利用各种釉的效果使其变得很独特，而且它取材方便，危害低、环保、节能、健康。并深具装饰艺术效果，完全符合现代购买需求。将陶瓷作为不同形态、不同体积的装饰形式做到服装以及配件中去，增加面积和数量，这样就不只是饰品点缀，而是与软性织造面料相结合，例如和丝绸材料相结合，从而成为整体的服饰，连缀成一件上衣或者披肩等。这种结合设计方式比较罕见，应该还是一个较新的探究领域。

陶瓷是我国国粹，以软性织造面料为辅助材质，彩釉、青瓷、青花等不同形式的陶瓷以饰片、饰块、珠饰等形式结合到服装以及配件中去，不仅起到装饰作用，更是和面料相结合成为服饰整体的一部分，在整体服饰中占很大比例。以陶瓷为主，织造面料为辅相结合，渴望设计出具有中国文化特色的服饰样式。也是设计者能够最大限度地表达自我，张扬个性，发挥灵感。

所谓的“服饰”，是指穿戴在人身上的衣着和饰品的总称，包括上衣下裳、鞋、帽、首饰、包、腰带、手套等，在整体服饰设计上，陶瓷材料可通过瓷片、瓷珠等形态，不仅仅可以作为单件饰物的点缀，更可以串连、编结成服装大身、披肩、帽子、配饰等。

在服饰中，陶瓷材料可选择片、块、珠等形态与织造面料相结合，成型工艺上可采用模具成型、泥片成型、泥条成型、泥珠成型、捏塑等方法。直接用手挤压、揉捏而成的瓷片、瓷珠应该更适合服饰完全个性化的设计。用手直接揉制成型的泥片具有不可预知性，可以说，每一片、每一颗都不尽相同，都保留了其自然特性，都是独一无二的个体，因此手是最好的造型工具。用瓷泥做出想要的形态，可以在手中一次成型，一步到位，也可以在泥土半干后利用海绵、钢锯等工具进行修整。即使之前画好草图，但在制作过程中，受泥料性质的影响，还会出现偏离设计者初衷的情况，出现意想不到的效果，这种所谓的偶然，往往会带来意想不到的惊喜。服装为短上衣，项饰为竹节管串连而成，胸口及腰腹部也编织上不规则圆形瓷片和瓷珠，辅料为白色素绉缎。瓷片形态为不规则的圆形，每一片都是手工直接挤压而成，可以说是随心所欲的，并未经过太多的修饰和雕琢，因此每一片大小、形状都有区别，相互独立而又相互联系，穿结在一起形成一个整体，那么整体和细节的关系决定了每一片瓷片的外形都不能太过复杂烦琐，必须要简洁，圆形瓷片上只在两端或一角施以青绿色釉，这样串连在一起时，才不会影响整体的效果。也有部分服饰的肩带、腰部的饰片是将一组泥片呈不规则状组合后再进行挤压、扭曲。由于泥土中水分、空气的不均匀分布，泥片便呈现出不规则的水波状卷曲。而在它自然风干的过程中，受到重力和不同空气湿度的影响，有时在某个地方会蜷缩、会开裂。有时，当我们在精心地努力模仿着自然的时候，自然却是在不经意中给设计作品带来意外的效果。这种变化原本就是土与水、土与空气相互作用的自然变化的特性。在饰片造型过程中较大程度地保留它的自然扭曲和某处的开裂等特性，和纯白丝绸面料相结合，裁剪上尽可能简单，保留丝绸软、垂、飘逸的特性。款式简洁、舒适，甚至有些拙朴，当我们的设计历经精雕细琢的繁杂之后，最终发现，尽量发挥材料自身具有的自然特性，不做违反其特性的刻意改变,归于最拙朴的原始，能更好表达人们在尘世的喧嚣繁杂中“回归大自然，回归理想中的田园，回归初始状态”的渴望。

陶瓷材料作为饰物，可以是单件的首饰点缀在整体服饰中，而当这些饰物的数量、运用面积超过单纯饰品的范畴，从而形成整体服饰中的一个部分时，它的功能，也就不仅仅作为点缀,而是代替了服饰中的某个结构。比如，成为服饰中的大身部分，或者成为腰节部分等。这时，就要考虑到陶瓷材料的特性，比如重量，比如瓷片锋利的边缘会不会割伤人体肌肤，比如瓷片、瓷珠作为点、线、面构成中的点所面临的零散问题，等等。

陶瓷和软性织造面料相结合成型的服饰，很大程度上没有过多考虑服饰的功能性，但是无论设计者要如何表现自我个性，无论我们如何想象和造型，服装因为要穿戴在人身上,设计中的构成形式和设计语言表达的内在功能性特征是必须具备的。

着装状态最大特点是人体经常需要运动，那么无论造型多么夸张的服饰，在人体穿着时，必须要适宜，不仅要便于人的活动，还不能有不适感。人体活动时，活动点主要是肩部、肘关节、腰部、髓关节和膝关节。而下肢又是人活动的主体，幅度较大，坚硬、易碎的陶瓷材料不太适宜作长裙、长裤等下装。以免在走动时瓷珠、瓷片相互碰撞而导致碎裂。因此，在设计时，不能一味求新求奇而妨碍了人体的运动。应考虑到人体工学，尽量避免在运动中起重要作用的关节等处镶嵌上坚硬的陶瓷材料，而可以更多运用到腹部、背部、手臂、手背、等位置。镶嵌手法也应多使用串联、编结、悬挂等。

（三）陶瓷首饰的工艺

1.不同类别的材料工艺

陶瓷首饰、饰物的材料是黏土经过萃取而成。黏土具有韧性，性质神秘而变化多端。陶瓷饰物无论是单件的首饰还是大规模运用到整件服饰中，其泥料都是它成型的支柱。不同的泥制作出的饰物具有不同的肌理和视觉效果，具有不同的触感。

陶泥泥质较粗，根据泥质粗细可分为粗陶和细陶。粗陶是最原始的陶瓷，土质易熔，烧制时温度变化很大，烧成后坯体颜色根据黏土中的着色氧化物的含量以及烧成程度决定。在氧化焰中烧制多呈黄色或红色，在还原焰中烧成则多呈青色或黑色。细陶和粗陶相比，土质更为细腻，但仍存在渗透性，大多呈白色。一般来说，选择陶土为饰物材料，可以不施釉直接烧制，色彩由泥土本身的颜色来表现。如需施釉，釉多采用含铅和硼的易熔釉。一般不宜高温烧制，窑温控制在1190摄氏度左右。如果窑温过高，坯体会起泡。施釉之后，由于陶土中含氧化铁，因此坯体表面会呈现出锈红色的铁点。这样的饰物，肌理自然，具有粗犷的美感。但是，陶土质地较粗，烧成后表面比较粗糙，无论是作为单件的首饰配件还是整体衣物，与人体肌肤摩擦时会感到不适，因此在选择陶瓷饰物材料时，我们更多选择质地细腻的瓷泥。

瓷泥泥质柔和，温润如玉，主要成分为高岭土。它的坯体完全烧结，完全玻化，质地紧密，没有渗水性。坯体薄时呈半透明状，具有透光性。施釉烧成之后，精巧细腻，与人体肌肤相接触，触感如玉如冰，不会有摩擦时产生的不适感。在制作饰物元件时，可根据设计意图和不同的釉来选择不同的瓷泥。如在坯体上结晶釉等不透明釉，可选用中白泥等普通瓷泥，如果需半透明效果，如施开片釉、青釉等，最好选择白度较高的高白泥作为原料，这样烧成后的坯体在釉下能隐隐透出其本身的胎质美。不同的釉赋予胎体不同的视觉、触觉效果。釉的主要原料为石英、长石、黏土等，是附着于陶瓷坯体表面的玻璃质薄层，是各种化学物按照一定比例配制出来的，按照烧成温度，可分为低温釉、中温釉和高温釉。在釉中加入不同金属氧化物，或掺进其他化学成分，就会出现各种各样的釉色。一般施釉时，釉的厚度不能超过坯体厚度的3%。经过窑火焙烧后，釉就紧紧附着在瓷胎上，使瓷器表面致密、光泽柔和，精致类玉。

有时，根据不同的设计意图，还可选择紫砂泥等特殊的泥料，紫砂本身具有不同的色彩，不需施釉。坯体塑造成型后，经1320摄氏度高温焙烧，烧成后用磨刀石细细打磨，会呈现出类似石材的肌理效果。

（四）多样的成型工艺

制作陶瓷饰物元件时，可根据其不同的造型选择不同的成型方式。大体说来,可分为泥片成型、泥条成型、泥珠成型及捏塑等方法。制作瓷片时，可选择泥片成型的方法，根据设计意图，将泥团用手拍打成泥片，或者用压片机轧成片状，再切割成想要的各种形状的小泥片。一般来说，厚度不能低于0.5厘米。厚度过薄，泥片易碎。但是，如果超过2厘米,则在烧成过程中容易炸裂。做好泥片之后，可根据创作意图，在上面进行加工，如用树皮、树叶、丝网、面料或者钢锯条等在泥面上印制、刮擦出各种肌理纹样。

如需制作竹节管等一些管状元件时,可直接用手将泥搓成泥条，直接穿孔，或者将泥片碾压成薄片之后卷曲成型再留出孔。大体成型后，也可在上面做各种肌理效果。在泥坯湿润的状态下用打孔器直接穿孔，大小要比高温电炉丝直径大2毫米左右。如果孔洞留得过小，烧制完成后泥胎会粘在高温电炉丝上取不下来，如果孔洞留得过大，在烧制时则容易变形。珠子在陶瓷饰物中占很大的比例，视觉上成为一个团形的，不论大小，不论是否规则，都称为泥珠，表现方式自由，用手直接将泥搓成团状后穿孔，捏塑是最自由最具艺术表现力的方法。按照预想中元件的外形、尺寸，入窑烧成的支点等，直接用手捏出想要的形态。可以直接用手捏制完成，也可以在半干时利用各种工具进行后期修整。当陶瓷材料较多数量地运用到一件服装中的时候，无论设计师如何彰显个性，服饰总是要穿在人身上的，那么就涉及一个重要的问题——重量。因此，在运用陶瓷材料的时候，要考虑到其形态要轻薄圆润，这样在穿着时，人体才不会由于分量过重而感到不适，同时皮肤不会被坚硬的材料所损伤，那么在制作泥片时，必须要思考如何减轻重量，可以运用两种方法，一种是模具成型。用瓷土做出完整的一片瓷片或者一颗瓷珠，待其完全干燥后，用石膏翻模，上留小孔，为注浆口。等石膏模具干燥之后，把调成糊状的瓷泥注入注浆口。等泥坯干燥之后，脱去石膏模，中空的泥坯就完成了，这样中空的泥片很大程度上减轻了分量，模具制作一般是用在批量生产当中，虽然可以加快速度，但过于规整划一，当完全统一的瓷片或瓷珠大量被编结用在整体服饰中时，会显得过于呆板，缺少变化。在表现设计者个性化的作品时，会显得力不从心。那么，此时可考虑另一种方法——纸陶工艺。所谓的纸陶工艺，简单地说，就是将纸纤维材料，如纸巾或宣纸泡在水里，等完全软化之后，在搅拌机里搅打成糊状，再和泥土均匀揉合在一起造型。纸纤维和泥的揉合改变了泥的物理性质，纸纤维的加入量，会影响到泥料的质地，纸纤维在泥料中的比例越高，成型后的泥片重量越轻，但烧制成型后，作品的瓷化程度降低了，瓷片、瓷珠相互碰撞发出的声音会显得比较沉闷，不够清脆悦耳，一般来说，在小型的片、珠造型时，纸纤维和泥料比例不要超过1: 30，这样加入纸纤维的泥料，经过反复均匀揉合之后，用手成型，可以直接揉搓成小泥珠，也可用手掌压制成泥片成型。

在制作饰物元件时要注意，泥珠、泥管等表面要光滑，泥片边缘不可过分轻薄尖锐，否则在穿着时，会划伤人体皮肤，同时瓷片也更容易破碎。成型后的片、珠、管等泥坯可放置在干净的海绵上阴干，待其干燥后，需要用海绵和毛笔蘸水将表面和边缘修得光滑不毛糙，这样的泥片上釉烧制后，才显得既轻薄又圆润，穿戴在人体上，才会觉得舒适。

（五）丰富的装饰工艺

人们的感官对于一件物品的感受，首先是视觉感受。人们注视一件饰物时，主要关注的就是它的装饰效果，包括色彩以及表面肌理等等。

陶瓷饰物的色彩取决于其表面的釉色。釉是成分比较复杂的化合物，一般是按照一定配方配制的。配方中的化学成分一经改动，烧成后就有不同效果。釉色在烧制时存在着偶然性，有时会有意想不到的效果。这就是所谓的“入窑一色，出窑万彩”。在施釉时，可根据设计意图选择不同的釉。如青釉，龙泉窑的青釉有粉青、梅子青、月白、青黄等色，哥窑的青釉被形容为“釉厚如凝脂”，以冰裂纹见长。汝窑、钧窑“釉色淡如天青，浓如天蓝，晶莹如玉。开片釉属于青釉，流动性非常强，施在坯体表面，如果烧成方式为吊烧，那么会在坯体下方形成精巧的水滴状。青釉中的开片可分为冰裂纹、蟹爪纹、牛毛纹、兔丝纹、叶脉纹、流水纹等，细腻而富有变化。在施釉之前，坯体可运用竹刀进行刻、画、划的手法，施青釉后，这些划痕都能保留下来。在装饰手法上，还可以用彩绘的方法。彩绘分釉下彩绘、釉中彩绘和釉上彩绘。釉下彩一般用高温色剂溶解在水中直接绘制在坯体上，之后覆盖上一层透明釉，再入窑烧制。青花属于釉下彩绘，色料在高温烧成后，呈现出美丽优雅的蓝色，质地细腻，且色在釉下，不易褪色。釉中彩绘是在坯体上先上一层釉，后用高温色剂溶解在水中绘制其上，再施一层透明釉，之后再入窑烧制而成。釉上彩是在已经烧制完成的瓷片、瓷珠等元件上用釉上色料绘制，之后烧制760摄氏度左右完成。五彩、素三彩、珍琅彩、粉彩等都属于釉上彩的范畴。

改变坯体表面的颜色方法还有直接在泥料中混合色剂。利用色剂着色是一种较为直接的方法。可把一些高温色剂如焰黑、天青、矾红等直接掺至泥料中，也可将发色的氧化物掺到泥料里。这样的泥料称为色泥或者化妆土。直接用色泥制作的饰物元件，无论是否上釉，烧制出来都是有颜色的。在其表面再上一层透明釉，烧成后，表面既有透明釉色的透亮，釉下的色泥本色也会显露出来。还可将不同种类的泥料或者色泥混合在一起，揉捏成绞胎效果，这样表面的自然纹理会给人独特的视觉感受。

（六）独特的烧成工艺

对于这些构成服饰元件的瓷片、瓷珠来说，由于体积小，烧成方式和陶瓷首饰相同。且组合成一件服饰所需要的元件数量较多，在穿着时其边缘有划伤人体肌肤的可能，那么可采用满釉的上釉方法使片、珠、管等边缘圆润光滑。烧成可运用吊烧的方式最终成型。

配釉时，要注意釉容易沉淀的特性，因此要在釉杯里不停搅拌。同时要注意釉水的稠薄和均匀。上釉之前，坯体已经过900摄氏度的素烧，可用海绵等工具将表面处理干净。由于这些瓷片、磁珠的坯体小而轻薄，上留小孔，可将金属丝弯曲后穿入孔洞中，然后直接浸入釉水里。这种将坯体通体上釉的方式，称之为“满釉”。在釉水里停留时间不能过长或者过短，3-4秒钟即可，否则釉料会过厚或过薄。之后拿出，这时要注意，挂上釉的坯体不能接触到任何物体，包括手。将之悬空挂起，自然阴干。待其干燥之后，将这些薄片和珠子从金属丝上取下，在入窑烧制之前，要将孔洞处的釉处理干净，以防烧成时由于釉的流动性而将这些孔洞堵住。

烧制成型方式，有支烧和吊烧，所谓的支烧，是事先用瓷泥做好支架，支架底部一般为平坦的圆饼状，中竖一根上尖的细磁棒，大小随需要的坯体而定，先高温烧成。将瓷片、磁珠的坯体插入尖支点后入窑。但是，会遇到一个问题，由于釉的流动性，会将坯体粘在支架上，导致烧成之后取不下来。因此，在烧制这些满釉的小型的坯体，我们更多选择吊烧的方式。和支烧方式类似，吊烧事先也需作出支架，吊烧的支架底部一般选择长方形饼状，左右两边各竖一块长方形瓷板，上留小孔，以便穿上高温电炉丝。上好釉的片、珠、管坯体串连在高温电炉丝上，悬吊于支架上，两头绞住，并与底部留好一定的距离，大约3厘米左右，以防止高温电炉丝在高温状态下弯曲，坯体下滑粘在支架底部取不下来，之后便可入窑烧制，窑温需1300摄氏度左右。

采取满釉和吊烧的方式，这些瓷片和磁珠通体有釉，只在孔洞处留白，无论那个角度看去，都是形色兼备，且在高温之下，釉色还会发生一系列变化，给人意想不到的惊喜。

（七）陶瓷饰物的美学内涵

1.材质特征

陶瓷饰物材质上来源于自然，在水与火的剧烈变化中获得重生，得到涅槃。它的美，通过泥料和釉料充分表达。

陶土与瓷泥相比质地较粗，可分为粗陶和细陶，施釉后，一般中温烧制。由于陶泥中含氧化铁，烧成后透过所施的釉料，饰物表面泛出土红色斑点。也可不施釉，直接打磨烧制，制成的饰物充斥着自然、粗犷的美感。如选择紫砂泥制作，则可以不上釉，因为紫砂泥自身带有枣红、海棠红、墨绿、青蓝等各种天然色彩。通过高温烧制后，再打磨成型，别具一格类似岩石的视觉效果。

不同的泥料制作的陶瓷饰物，手感、色泽、肌理都不尽相同。瓷泥主要成分为高岭土，制成的饰物施釉之后比较精致细腻。如果施上青釉，光润如玉，且釉料半透明，在高温烧制之后，瓷胎的本身颜色透过釉色隐隐显露，显得格外优美。青釉中的开片釉，釉料流动性强，饰物烧制后会在底部形成一个晶莹剔透的水滴状，有些釉面还会布满窗格、冰裂和梅花状裂纹,适合用在典雅、空灵、飘逸的设计风格之中。另外，一些不透明单色釉，如白釉、黑釉、结晶釉等，色泽光润，尤其是结晶釉，属变色釉，在窑火烧制时发生一系列变化，施釉的坯体表面会形成大小、颜色不一的结晶，在视觉上与绿松石、孔雀石的肌理效果类似。此外，还可通过彩绘的方式上色，比如釉里红、青花等等。在瓷胎上先着彩，之后施透明釉，再经高温一次烧成。青花和釉里红烧制方式和工艺过程几乎相同，不同的是，青花所用的釉料为钴料，而釉里红为铜红料，釉里红鲜艳夺目，青花蓝白分明，朴素优雅，制成的饰物质地细腻，且色在釉下，不易褪色。在给饰物彩绘时，可以将各种手法结合，如用青花在釉下勾勒图案的轮廓，施透明釉后入窑高温烧制。之后，在釉上填上各种色彩，这种结合方式叫“斗彩”。又如具有渲染效果的粉彩以及可以绘制细腻图案的新彩等等，都可以运用到瓷质饰物元件的装饰手法中，多运用于单件饰物的设计创作，而当饰物元件大规模用到整件服饰中与软性制造面料相结合时，单件的元件反而不能过于复杂，否则语言过多，会影响整体视觉感受。

2.形制对比

可以说，自然界或者人类社会中的一切物质都是对偶性事物，如：天与地,日与月，男和女等。在生活中，我们常常可看到这种将极端的矛盾元素运用到统一的设计活动中。如某些家纺设计，将粗糙的麻、毛皮、粗呢面料和细腻的蕾丝相结合，面料上的极端对立却获得视觉效果的极端和谐，或者在有些设计师的作品中，我们可看到红与绿、蓝与橙等补色系被大胆地结合运用在一起，但没有丝毫刺眼的感觉，或者在家居装饰中，现代简约的大空间里放置一盏带有复古元素的吊灯，我们既能感受到现代前卫的风格，又能看到传统民族文化元素的点缀……而这些对立元素并不是简单地排列结合，而是经过对它们面积的削减、扩张或者色彩纯度的降低、提高等等变化之后的有机整合。

陶瓷最早可追溯到8000万年前的新石器时代，质地坚硬，来源于土，诞生于火，在由软到硬、水火交融的剧烈变化中获得生命,被深深烙上了久远而厚重的历史烙印。而作为辅助材料的软性织造面料却是柔软的，例如丝绸是飘逸灵动，从蚕丝到绸缎的变化过程则是温和的，循序渐进的。陶瓷与丝绸是属性、形态完全不同的两种材料，甚至在很多方面是对立的，如“硬”与“软”，“刚”与“柔”，庄重与灵动等等。将两种不同形态、不同性质的材料组合在一起，相互交融，将设计元素打散、揉碎进而重新排列整合,使两者相互成为对方的一部分，对立却又和谐地表达统一的文化符号和信息。例如，和陶瓷饰片结合的服饰大身可采用柔软细腻的素绉缎，而肩饰却采用大小不等的瓷片与长短不一的丝带结合的不规则形的披肩。瓷片为不规则的水纹状，黑色釉面上绘制着变形了的朱红色云气纹，丝带为粗细不等的条状质地和大身相同为纯白素绉缎。通过编织、穿插等手法将两者结合在一起，使得结构复杂的肩饰和简洁的服装大身较为和谐地融合为一体。这种材质上的不同性质的对比，却能和谐统一在一个设计之中，也是我们设计活动时要追求的。

陶瓷材料运用到整体服饰设计中，一般不采用大体积的形态，例如不可能直接将瓷泥捏塑成一件衣服直接套在模特身上，而是采用细碎的片、块、珠的形式，串连成服饰的某一个部分，比如可组成服装的大身部分，再与软性制造面料连接而成。那么，在风格上，必须注意饰片的零散性和整体的关系，即点、线、面以及图形关系的和谐统一。

零零散散的瓷片、瓷珠组合成服装，必须通过合适的串联方法和正确的疏密组合，才能达到一种新的结合关系，相辅相成和谐的整体效应。例如可以用丝带将其进行编结，将零散的个体组成一个整体，或者运用拼接上不同面积的软性织造材料（丝绸等），与瓷片、瓷珠在面积上作对比。同样，在色彩上也会遇到零散和整体关系的相同问题，每一片瓷片、每一颗磁珠都是以手为工具揉捏而成，在色彩上也是分别施釉，都是独一无二的个体。那么，在连接时，要注意色彩的搭配，单一元素的组合要有变化，色彩面积上不能过于平均。另外，这些片、珠作为个体元素，形式语言不可过多，例如一件上衣，既有瓷珠又有瓷片还有瓷管，还加上各种多边形，而且，在数量和面积上也过于平均，那么此件服饰语言杂乱，整体和局部关系呆板。真正的和谐是把相对立、相矛盾、有差异的因素经过独具匠心的处理，达到新的结合关系。只有这样，才能产生美感，给造型予以生命。而各种因素间的结合应该是自然的，不可以牵强附会，相互之间的关系不是一览无余的，而是含蓄蕴藉的。

对比统一的理念是我们设计过程中应该掌握而且是必须掌握的规则，巧妙地把握好材料之间关系的尺度，做到既突出它们的矛盾和制约关系，又要和谐平衡，这也是设计中的核心部分。

（八）审美个性表达

陶瓷材料和软性织造面料相结合而成的服饰，在很大程度上并不是考虑其大众化和实用性，也并不适合大批量生产，它就是张扬了设计者个性和想法，是设计中的创新探索，是对美的追求。

陶瓷材料为主、软性面料为辅的服饰设计中，坚硬的陶瓷和柔软的软性面料就如太极中的“阴阳”概念一样，矛盾而统一地被放到一个设计整体中。将陶瓷和软性制造面料相结合做一个服饰的交叉设计研究，并攫取传统和现代文化艺术精髓的一些片段和元素与我们的设计活动相结合，那么设计本身，也就具有了一定的文字符号和文化内涵，设计者的个性也得到很大程度的表达和发挥。

尝试以陶瓷饰物为主作为服饰廓形，辅以软性织造面料，即整体服饰中的一部分用陶瓷饰片、饰块、陶瓷珠饰等代替。从另一个角度说，一款服装中的一部分面料形式用陶瓷代替了，陶瓷为主、面料为辅的结合从而成为一种新的服饰形式。

在整体的服饰设计中，面料再造是十分常见的装饰手法，通过各种各样的方法改变软性面料的形态，是对面料的第二次设计，对面料的起褶、抽纱、压拆、叠加、拼图、盘绕、编织、或少量结合其他材料，如：金属、木材、塑料、服纸、玻璃等材料的综合利用，以达到改变服饰整体廓形的目的。无论什么型的廓形，主要的变化部位在肩部、腰部、臀部和下摆。用陶瓷材料完全代替一部分的软性织造面料，基本上是在肩部和腰部及臀部发生变化，硬性的陶瓷和软性的制造面料相缀连，实际上也是一种面料上的再创造，由于软性织造面料的“软”和陶瓷材料的硬性相结合，而陶瓷材料虽然坚硬，但易碎，因此单个元件形态不能过大、过长、过于夸张，否则在人体运动时，相互摩擦碰撞极易发生碎裂，因此这就决定了被陶瓷材料代替的服饰的那个部分的轮廓不可能展现宽松和外扩，一般是下垂的，且能随着人体运动而上下左右运动的，不属于以上任何一种形态，属于在尊重人体自然形态的基础上充分彰显个性的设计，通过对服装整体或某一局部的造型进行夸张或减弱处理以表达自己对人体的再认识。是设计者个人审美和情趣的充分表达。

现代设计中，色彩的运用越来越具个性和大胆。在我们身边，充斥着形形色色的色彩现象，无论是服饰设计、广告海报、书籍杂志以及各种各样的街头标志和涂鸦……作为整体服饰主体的陶瓷材料，采用片、珠、管等形式，色彩运用上可以自由的。然而，作为一个整体中的个体，无论是造型还是色彩，都要兼顾整体效果，因此大体和细节的关系决定了这些瓷片、瓷珠在色彩上也不能过于繁复。在色彩上，可采用单色，也可采用加彩，单色有白、灰等颜色。有色系中又分哑光和有光，色彩上有青釉、青花、釉里红、焰黑、陶瓷中的釉色几乎涵盖了所有的色系。

在釉料中，一些釉色是特别优美的，例如青釉，粉青、梅子青、月白等等。又如结晶釉，通过窑火的温度会得到意想不到的变化……在我们的设计过程中，许多饰片一起组成一个整体时，我们却发现，单个饰片的色彩表达必须要简约，许多个简约组合而成的整体给人的视觉张力远远大于每一个细节所描述的烦琐。比如，在上色时，仅仅在一片瓷片的一角或者两角上施以淡雅的玉绿色釉，在运用的面积和部位以及图形关系上作变化。之后几百片串接在一起形成服饰中的某一个部分，再配以飘逸的纯白素绉缎，青绿色陶瓷的优美和纯白丝绸的灵动相结合，大体和细节疏密处理得当，显得典雅而具个性。

陶瓷饰物，从远古时代开始，就作为单件的装饰物点缀丰富人们的生活。如今，在现代服饰设计中，陶瓷饰物不仅可以作为单件的首饰等饰品，还可以通过数量、面积的增大形成整体的衣物，以织造面料（例如丝绸等）作为其辅助材料,通过串、连、编织等方法，设计制作成整体的服饰。这种较为另类的设计，是设计者对于实用设计艺术的自我解读，是个性的张扬，是对于审美的个人感受，是珠宝首饰设计中的探索和创新。在创造美的设计活动中，尽可能地解读陶瓷的灵魂,攫取它的特性，并将之形象化，具体化，这样才能从中找到并努力实现美的栖居。

第四节　珠宝首饰设计中蕴含的中国传统文化元素

一、传统文化元素在珠宝首饰设计中应用的意义

中国传统文化内涵丰富，其内容以中华文明为基础，融合了我国丰富多彩的文化元素。我国文化体系博大精深，源远流长，其中文学、历史学、民俗学、哲学、符号学以及图腾纹饰文化都具有厚重的内涵，当代的珠宝首饰设计中，传统文化元素的加入，使得一件时尚前卫的首饰作品提高其艺术价值，体现设计师的文化素养。

在早期的珠宝设计中，人们对珠宝的造型设计更感兴趣，但随着时间的推移，审美水平的提高，人们的视角从珠宝首饰的廓形中逐渐转移了，更注重其中的文化特性和人文关怀。例如，某著名设计师的珠宝作品，曾在国内外获得珠宝设计大奖，其作品以敦煌壁画“飞天”曼妙身形为灵感来源，将人形抽象化，以做“减法”的方式将之缩小，主体部分是飘动的彩带形成的曲线，夸张而卷曲。材质上选用红珊瑚作为主石，黄金为托，镶嵌一组小颗彩宝，显得松紧有度，张弛结合。色彩上，红、粉、金、蓝等均体现了敦煌壁画绚烂古拙的风格。设计师把古代的敦煌印象以现代的工艺，融汇到珠宝首

饰设计之中，体现了具有西域风情和朴素哲学相结合的人文情感，成为一种新的珠宝首饰文化，体现其独有的文化价值。

（一）珠宝首饰设计中吉祥图案的应用

最初的纹饰符号和珠宝首饰等装饰品，经过长期的不断融合和积淀，形成独特的文化特征，体现某一时期的人文历史，是我国传统文化的组成部分。如今，装饰图案在珠宝设计中得到广泛应用，我国传统的吉祥图案最为多见。

每一个历史时期都有其独特的文化精神和表现方式，而珠宝首饰设计中成为视觉中心的纹饰应用能较好体现这种文化语言。“中国风”设计作品被很多大品牌所喜爱。如国外某品牌，其作品灵感很多源自中国传统绘画。甚至涉及音乐和哲学。该品牌经典的首饰盒“龙纹盒”及“凤鸟纹盒”，背景是纯正经典的大红色，即“中国红”，其纹饰吸取中国丝绸制品中常见的织绣图案，上面镶嵌的珠宝采用珊瑚、和田碧玉、珍珠、珐琅和琉璃等，更体现出东方艺术的神韵。作品均基于对中国传统元素的运用，将所使用的传统文化充分融入元素之中。风格和意象不张扬，体现了东方设计的美学，丰富了作品的精神和文化意义。

人们除了以纹饰符号装饰图案为设计理念，还通过对吉祥瑞兽加以设计，把美好与祝福设计在珠宝首饰中。如龙纹、凤鸟纹、麒麟纹、龟纹等，在现代珠宝首饰设计中也时常见到，广泛应用。例如某知名品牌的奢华珠宝中的铂金镶嵌龙形钻石和坦桑石项链，中国传统——完全采用了龙图腾的元素。此外，在我国的文化中，印刷工艺也广泛用于珠宝制作，尤其是珠宝包装，在珠宝制作工作中频频出现。

（二）中国传统工艺文化精神在珠宝首饰设计中的具体表现

中国传统工艺文化元素运用到具体的珠宝首饰设计中，不能是一种简单重复的活动，而是把传统文化元素的精华运用在珠宝设计中，使得设计本身具有文化的具体行为。现代珠宝首饰设计师在运用中国传统工艺文化时，要对珠宝设计的精神文化维度和语言有深刻的理解，同时要结合人们的审美需求和场合，艺术创意也是他们必须创造的基础。

我国传统的“花丝镶嵌”工艺，又叫“细金”工艺，古代主要用于皇族饰品的加工制作。结合“花丝”和“镶嵌”两种技法。花丝选用贵重金属为原料，采用“掐”“填”“攒”“焊”“编”“堆垒”等工艺，并镶嵌珍珠、宝石等，工艺复杂，造型写实。设计师在运用此技法时，应在前期做好充分的准备，向前辈匠人学习，除了学习其工艺手法外，还要了解其文化背景和历史渊源，再加入自身的理解和时尚元素，将传承和创新紧密结合，创作的作品才能经受时间和审美的考验。

二、民俗文化对传统首饰业的影响

（一）民俗文化及对应首饰概述

在我国传统文化中，百姓的未婚女儿常戴三个小髻，或用金钗和珠子装饰头饰，而妇女则戴金银钗，珠子常抱髻。一件首饰往往象征着身份的完成和社会角色的转变。

《后汉书·舆服志》云：“后世圣人……见鸟兽有冠角髯胡之制，遂作冠、冕、蕤，以为首饰。”头部的装饰，其重点在发上。人们对身体的认识是很重要的，所以头饰是最客观的。头饰反映了个性和身份的差异。

例如，老年妇女佩戴的饰物和横幅来自仪式或欢乐庆祝的象征。传统习俗认为金、银、铜、铁等金属物在祈福方面有一定的作用，所以很多儿童都有戴金属锁的习俗，这些又称“长寿弦”。

《礼记·昏义》说：“昏礼者，将和二姓之好，上以事宗庙，而下以继后世也。”首饰在女性出嫁民俗中扮演着极为重要的角色，《周礼》规定：“嫁子娶妇，入币纯帛，无过五两。”可见，从礼法角度，也规定了嫁妆中金银首饰的合理性存在。

对于中国传统珠宝行业而言，其形制特征和工艺技法融汇了传统文化的精髓，使之更为丰富多彩。社会的发展趋向以及历史时间段的限定，都决定其行业走向。社会趋势改变了传统手工珠宝行业的现有结构和框架。新的理念、新的技艺、新的审美和传统的首饰工艺发生了碰撞，并不断相互渗透和融汇，使得传统首饰浴火重生，它不但代表各个时期历史的文化特性，更是一个窗口，从中能窥见不同的文化片段和记忆。

（二）金银饰品使用、流传方式呈现的民俗特性

宋代以前，金银首饰的主要消费者是皇室贵族阶层，而宋代以后这种情况发生了变化，金银首饰开始成为一种亮丽的装饰品。宋代金银首饰的繁荣，是由许多社会因素促成的，如制造业的发展、商品经济的发展、百姓的富裕、社会的变迁等。社会文化对他们来说可能不太明显，但它是一个不容忽视的因素。

三、中国传统首饰的美学内涵

以历史和文化为主体的珠宝艺术，是对珠宝内在运作的过程话语进行填充。作为一种富有表现力的风格和独特的历史文化意象风格，中国古典珠宝传统体现了不同时期文化的情感诉求和生活的主宰感。

唐代女冠是发展最完整的时期，由礼服冠和军服冠组成，佩戴不同档次，饰以各种金银饰物，九盘有六株二品华典树。《词·竹枝》云："他来带走金银簪水，用长剑短帽加热。"

王冠传统手法的发展及其叙事演变标志着珠宝艺术向感性理解演变的开始，逐步引导我们揭开珠宝文化的真相。社会将发饰、耳环、项链视为日常生活和饰物的美，通过各种视觉表现，人们如何看待它并通过它看待世界。

发饰的美与女性的容貌和社会地位有着千丝万缕的联系，也体现了女性在美貌和情感掌控方面所坚持的特殊价值观。发饰也反映了女性的自我意识，创造了一种时空奇观和前后图像的隐喻意图，它们要么是一种单面的奇观，要么是一种基于现实的实用性的插入。具有叙事性的珠宝，是一种具有社会意义的传统。发饰是发夹的精确演变，是老妇人将头发扎成发髻的便捷方式。

"手"是极其重要的人体部分，它所体现的肢体语言很多时候胜于声音。唐代文人秦韬玉在《咏手》曰："一双十指玉纤纤，不是风流物不拈。弯镜巧梳匀翠黛，画楼闲望擘珠帘。金杯有喜轻轻点，银鸭无香旋旋添。因把剪刀嫌道冷，泥人呵了弄人髯。"传统观念中的首饰经常指代手饰，如手镯、臂钏、戒指等等。镯古称"钏"，如为玉制，也称为"环"。《说文解泽》有云："钏，臂环也。"《清稗类钞·服饰类》也载："钏，俗谓之镯。"自石器时代至隋代晚期，出土的随葬首饰中，常见手镯，且男女均佩戴。且蕴含"平安"之意，体现了人类对于出行、交往、农耕、商业行为中对顺利平安的向往。之后，随着女性文化的不断发展变化，社会审美也开始变化，手镯渐渐成为女性专属饰品。至唐代，各种文化形态不断融合，手镯形制更为华丽，构造更为复杂多变，材质也更加昂贵。

例如，一款内蒙古出土的银镯，外廓并非长条状，而是呈现出中间宽、两头细长的变化形态，其上以阴刻手法，刻划卷草纹、水纹、西番莲和宝相花纹样，基本是写实手法，形态概括，但细节处非常到位。至明代，手镯的形制、工艺和材质都受到严苛的等级限定，《明史》卷六十六载："皇后常服：洪武三年……首饰，钏镯用金玉、珠宝、翡翠。"有品级的命妇佩戴的手镯各不相同，六品以上方可用金，一品可用黄金，五品为银胎镀金，六品及以下只得用白银。而对于庶民阶层，则只能用银以下的材质。规定了"庶人冠服：首饰、钗、镯不许用金玉、珠翠，止用银"。明代的腕饰在纹样上基本采用吉祥纹样，有祈福之意。如花卉纹样，包括象征多子的石榴纹、象征吉祥富贵的牡丹纹、象征品行高洁的菊花纹、竹叶纹、莲花纹等，还有吉祥动物纹饰，例如龙凤纹、蝙蝠纹、麒麟送子、狮子滚绣球等，还有传说人物图案，如"三娘教子""哪吒闹海"等，囊括了自然物象、社会生活、人文关照等各个领域，体现了丰富的文化寓意和对美好理想的渴望，在有限的范围内展开无限的想象空间。

随着哲学体系的充实和发展，其中的审美观念随着时代的发展不断发生变化。从古至今，其共同点是"描述了艺术作品的独立存在所制造出的一些严格内在于哲学的效果"。首饰文化一直也在变化和发展，从古至今，已经升至群体性的审美体验和文化追求的高度，但无论如何，无法脱离人类自身对于不同美的形式追求和渴望。因此将首饰文化中的哲学观念同样能体现社会生活的不同形式以及不同的观念，在历史发展过程中，成为各种文化碰撞和融合时期玄妙的平衡，它既是感性的，也是理性的。

中国传统珠宝作为一种艺术美学哲学，从古到今，“由于艺术品的独立存在而产生了一定的哲学后果。如果说艺术是现代古代的纺织品或服饰发展成为特定的物品。”与本体美学文化的有意义追求密不可分。珠宝哲学在这方面的关注点在于社会意义结构的主观体验和认知生活，在寻求真实性中存在微妙的平衡，从而确立了这一点。

当然，在传统的珠宝设计中，往往会用到某些历史悠久、风格迥异的装饰主题，“华丽”是一种具有创造性和人类对艺术细节探索的视野。如彩瓶、奇兽、人物神话传说、佳例、六仙、六宝、棋书、书画、学问四宝等。传统珠宝画通过山水装饰“丰富”，一些具有中国韵味的画作中被引出和再现。

事实上，珠宝文化是题材、社会环境、材料等多种因素共同作用的产物。不仅如此，它的元素必须包含客观存在的理性因素，还有感性元素的存在，即人为地创造艺术生命的因素。因此，首饰工艺是理性和感性相结合的行为方式。

基于对不同文化和时期所表达的某些珠宝活动的兴趣和追求。这不仅是理解和创造材料的结构，而且还赋予人们持久的视觉美感。传统珠宝首饰工艺随着时间的推移，呈现出多样化的趋势，例如成型工艺包括锤击、切割、镂空、穿线、插入、焊接、镀金、镶嵌、点翠、烧蓝等，在珠宝概念中体现可持续工艺的理念。而高级珠宝往往利用制作工艺，通过不同的服饰和配饰展现不同时期人们的独特风格。

四、中国传统首饰文化的理性思维属性

在中国传统艺术中，经过前人总结和分析了几个特点，在珠宝首饰设计行为中，将之归纳为三个属性：模块化、抽象化和多流派特点。

（一）模件化属性

模块化特征是指我国发明的标准化组件制造工艺。组件可以大量预制并以多种方式快速组装，从有限的单体构建中创造出可组合、可重构、可拆分、可合并的单元组件，这些组件称为“模件”，它的变化是无穷尽的。

1.模件化属性在传统艺术形态中的体现

中国传统艺术包括绘画、音乐、戏曲等形式，都有表现“模件化”的形式，例如宋代风俗画中，多体现“儿童”主题，儿童即绘画中的一个基本元素，通过不同方式、不同风格、不同技法乃至不同画材，能表现无限多的儿童形象和场景，从而表现不同的文化内涵和社会特性。

又如商周时期的青铜器，其上的纹饰可以说精致繁复、美轮美奂。但其复杂系统的背后是简单而连贯的定律。比如众所周知的饕餮形式，其构成元素不仅稀有，而且经常出现在固定的品种中，这些形状也很少见。通常有眼睛、上下颌、角等十几个单独的模块，这些模块构成了一个完整的对象库，在饕餮纹饰的情况下，还制作了商代和周代的高铜器纹样。

除了青铜器，模块化思维还可以在中国传统艺术的不同方面

找到。例如，中国传统音律中，“宫”“商”“角”“徵”“羽”为主要调式，也是音乐的基本元素。无论何种乐器、何种曲调，都在五个音阶中基本限定，这就是音乐模件中的基本元素。秦汉时期随葬的俑人，其头部、肢体、躯干都是分开烧制，最终将这些元素拼接一起而成，这些头、肢体、躯干乃至附属的器物，就是构成一个俑人的元素。再如传统益智玩具木质“鲁班盒”，参照了建筑中的榫卯结构，其中可穿插、拆分、排列的每一个木构建都属于一个“模件”……

从艺术建筑中可以看出，中国传统艺术很少直接地描绘自然，而是通过观察和实践，捕捉自然的形式，然后将这些形式和品质表现出来。如隋代之前曾流行的项饰“璎珞”，经过聚合、提炼的再设计，成为珠宝首饰中重要的一类。璎珞既作为饰物装饰人的形体，同时又隐喻了传统哲学的意味，从一种抽象的精神现象中提炼出来，具体到一块玉石、一颗珊瑚或者砗磲珠子的模件化体系中。对于“模件”化体现来说，抽象和理性是不可或缺的，两者相互促进，在创作一件艺术品之前，必须确定它的基本元素，即“模件”，再进行分析、抽象和提炼，在创作过程中，反过来又促使“模件”自身的发展。

艺术品的“无穷”形式，体现了数量和艺术性之间的对立统一，体现了登峰造极的艺术水平和生产力，这种形态让中国珠宝首饰设计匠人能够在短时间内制作出大量作品，并确保这些产品的质量高度统一。

模块化与创意的关系不仅体现在珠宝装饰语言的发展上，在中国传统文人画等其他视觉领域也得到了清晰的体现。首选某些花卉、植物和一些特定的图像，它们的含义和象征意义简单明了。图像非常适合这种需求。梅、兰、竹、菊、山水、竹、石在涂色本中得到总结提炼，成为学习和运用绘画技法的便捷途径。文人雕塑也朝着模块化的方向发展。从谴责自然的独创性，到区分特殊的作品，再到系统地展示其中的事物，就如首饰中来自自然的造型和纹饰，在经历时间的洗礼之后，形成一套程式化的设计体系，如何平衡这个体系和匠人的设计创造力之间的关系，是上千年以来首饰设计制作过程中一直存在并不断转化的过程。

模块化必然导致制造业的分工和质量管理。中国传统手工艺之美往往表现在对“作坊”的记忆中，但中国真正的手工艺大多来自“工厂”。这里有很多人不仅每件单品都伴随着一百种艺术，从而每件首饰还需要“一百名工匠大师”的合作，从造型可预测到实际完美，并附带强大的质量控制块。

2.模件化属性在珠宝设计中的应用

可以从模块化特征中获得灵感，尤其是在珠宝设计方面。在决定职业计划的基调时，我们通常会寻找要交付的共同要素。模块化属性允许我们提取一些常见的中文符号并将它们存储和组合以创建复杂的几何形状。

如清代百子如意纹金手镯，我们知道百子符号是中国古典装饰文化元素，寓意多子多福，百子图用途广泛，显示多态性，质感活泼，节奏感强，是运用广泛的装饰题材。例如瓷器、玉器摆件（玉山子）、纺织品、室内软装饰等，都能体现出充满活力和韵律的装饰形态。但我们知道，百子图的造型、形态、变化多端，是设计师无法企及的。其实每一个被广泛运用的装饰题材都有一个固定的模块，在制作的时候，艺术家要挑选最有创意的材料，选择最具代表性的主题，并因地制宜地组合进行装饰。所有的一百个微缩模型都是根据绘画的大小和背景组成的。

此外，除了百子图这一特殊类型的首饰模块外，工匠们还选择了“如意”作为另一个模块的总主题，即吉祥、愿望的意思。事实上，如懿图并不是手链的设计者创造出来的，他只是简单地将已有的装饰图与图型相结合，将其变成一个模块，然后再与百子图相结合，与如意合为金戒。设计师在设计的时候，要考虑到作品的结构、比例、廓形、细节等，每个元素都是独立的，但又相互联系，环环相扣，体现整体的和谐，使视觉与触觉上达到完美统一。

中国传统模块化设计方式可以说是在变，但依然存在。借鉴传统模块的设计方法，在原有的基础上稍作改动，就会变成一个崭新的作品。它就变成了自己的新作品。这与珠宝中珠子的重构和替换非常相似，这种模块化和拼接的创造性方法可以作为现代珠宝设计的参考。

比如某知名品牌的珠宝作品显然采用了模块化的创作方式，每颗宝石都是模块化的一块，先形成云状，云状通过拼贴形成项链。展现出设计师深刻理解“模件化”的创作手法并纯熟运用，是现代珠宝首饰设计中一个典型的设计案例。

（二）“模件化”的抽象属性

从艺术品中可以看出，中国传统艺术很少忠实地描绘自然，而是通过观察和实践，捕捉自然的形式，然后将这些形式和品质表现出来。

在思维方式表达上，抽象表达要难于具象表达，很多人对于抽象和具象的理解是混淆的，这受限于人的思想观念、思维方式以及审美的哲学理念等。

1.模件化属性在中国传统艺术中的体现

中国传统绘画中的泼墨山水就体现了抽象又无限深远的意

境，在作画过程中，画家运用不同的笔触及墨色来体现不同的色彩情景，颜色的变化是通过墨的深浅来表示的。树、云、石等元素不是现实的象征，而是画家心目中的理想形象。很多画家都有关于“庐山”的想象，但实际上他们中的许多人从未去过庐山，即使去过，也无法从生活中写出来。最终由能反映这些品质的元素表达。

又如倪瓒的作品《渔村秋霁》。事实上，它并没有表现渔村中秋天的风景，通过对远山、树木和天空的描绘体现内心的孤寂。抽象的模件化在中国传统艺术领域中都有不同体现。例如商周时期的青铜器，饕餮纹并非某种动物形象的真实再现，而是对多种动物形态各取所需，组合而成人们想象中的神兽形象，是人内心对于神秘事物的理解。中国传统雕塑并不是以写实为主去塑造形象的，而是通过夸张、变形去表现物象最合理的形态，追求一种极致的美感。例如陕西茂陵霍去病墓前的石狮子造像，并不是为了让观者把它们看成活石狮子，而是为了让观者对艺术有更大的想象。

书法在中国是一种高度专业化的艺术，就是这种不透明性的一个例子。“如千里云，笔直如山峰落石，笔直如万寿藤……”，具体的物象在艺术中无法直接表现，但是一幅好的书法作品可以让观者产生想象，在脑海中呈现出它所表达的意境。中国汉字，其模件化元素就是其笔画，点、勾、横、竖、撇、捺，都由不同的笔触和笔法表现，例如湿笔、枯笔、中锋、侧锋，等等。当起笔时，毛笔吸附黑色墨汁，笔画开始时，笔尖接触纸面或丝绸表面，若对文字有较大压力，则微边变宽，笔画加深，直至笔画完成，无须提起笔注的。那些分割的笔画，单独看是否完美是远远不够的，每个文字对于整幅作品来说，又是一个抽象化的模件化元素，组合排列之后，呈现整体的美感。

对于书法而言，已然是较为抽象的艺术形态，而它在抽象的物象中进一步抽离，使之符号化和图案化，使画面呈现出类似中国绘画的美感。例如唐代怀素，他的草书作品已经达到融合图像学和符号学的综合之美，美观、自由、纯粹。笔触时而婉约，时而从容不迫，然后是剑影，雷电剑影，雷电闪电，再如石龙蛇般地移动。人物变大了，等到那么大的时候，就好像没电了似的立刻停了下来。采用草书方式是对文本的修改，其功能桀骜洒脱，传达作者的个性，体现作者的精神境界。这种抽象最初是为了提高写作技巧，后来变成了艺术表现的形式。

中国山水画以其不对称的比例、多点透视和模糊的纹理，通过其自然的抽象概念集与观者进行视觉交流。

2.珠宝首饰设计中的抽象化属性

实际上，在珠宝首饰设计过程中，抽象思维应更多运用其中，使得设计作品不是简单直白表达其形，更要蕴含其意。在整体服饰中，首饰所占比重和体积较小，在人体上作为配饰使用，刀刃非常有限，珠宝制造不能完全反映实物。这就需要我们在表达图案的时候，从注意力到美感，进行一些无意识的调整，使珠子的大小接近，同时提高专业水平。如果过分强调真实性，过于象征性地表现某个东西，不仅会消耗太多，而且会显得沉闷、缺乏设计感。比如作者在大学时曾有过一个以“牦牛”为主题的彩绘珠宝设计稿，其目的是通过对动物和雪山的引用和描述来表达“爱护动物，保护环境”的理念。

但是设计实在是太真实了，不仅材料语言，而且结构都很强，同时又没有加入其他设计元素，导致缺乏艺术感，无法表达思想。例如清代创制“蛛丝镶嵌珠宝的蜘蛛金饰”，对抽象属性的运用十分有益。以抽象思维方式表达出饰品装饰的美感，同时也增加了作品的寓意。

（三）民族审美属性

我国是一个多民族的国家，各个民族在其悠久的历史中，由于地域和历史的多样性，以及独特的审美和技艺，发展出了自己独特的历史和文化。

艺术作品的民族性应该是包容的、博大的，是多个不同种族不断相互融合，并通过具有民族特色的工艺美术描绘现实生活，使文艺作品获得艺术类型的风格。正是由于中国历史上不断变化的王朝和不同文化的持续碰撞，频繁融合，才造就和塑造了中国传统艺术的民族性格。

1.传统艺术融合的属性

唐代敦煌石窟艺术中的佛教雕塑，相比隋代造像的清瘦俊雅，更显得丰润稳健。衣饰华丽繁复，尤其是佛陀、菩萨造像身上的璎珞、项饰、头饰等，装饰风格均有东西方融合的特点，使得造像如同生活中的人，而不再是绝凡超尘的形象。由于珠宝首饰以及服饰妆容的加持，佛像变得更富有生气。同时，唐代绘画也发生了很大的变化，表现飞天的壁画，从之前直线、折线表现的强烈动态转变为佩环流光、柔曼的人体曲线。装饰华美雍容，体态圆润流利，饰品、服装和人物成为完整的整体，构图饱满，用色浓烈，多表达欢快活泼的场景。正是因为此时的大唐，处于世界经济文化的顶端，艺术形式也从委婉含蓄转到热烈直白。

唐代绘画和雕塑艺术，乃至珠宝首饰艺术，都体现了一种带有俯视视角的艺术特性，起初是朴素细腻的，后期摆脱了传统固有的装饰设计，得以发展壮大，显得华美精致。

在悠久的历史长河中，多种民族艺术相互独立又相互影响和融合，并影响到其他艺术领域。例如，璎珞在元代宫廷中十分流行，宫廷贵妇项上时常可见或短或长的璎珞装饰。元代绘画中的汉族妇女、儿童形象，胸前往往佩戴“长命锁”，材质多为金银，据说这种项饰起源于璎珞，是璎珞饰物的简化。长命锁上往往鎏刻吉祥纹饰或文字，以及福禄寿三星等道教装饰，不但在汉族妇女装饰中流行，还受到蒙古族妇女儿童的喜爱。

多样性和创意是创新设计的精神和核心价值。珠宝首饰设计艺术文化就是其中的典型实例。纵观设计史，人们更愿意承认原生设计，不愿意接受仿制品，即便是材质、做工和原作一致，但只是“高仿”的地位，其意义仍是天壤之别。现代设计一直强调“民族的就是世界的”，今天，只有吸收和发扬民族艺术，结合自己的观念和理解的作品，才能起到引领时代艺术风向的作用。珠宝首饰设计师在设计活动中，应多次自我反省，研究传统艺术，借鉴其珍贵的艺术价值，规避糟粕，不仅是我们对传统文化的崇敬，也可以在世界潮流大环境中，形成自身独特的艺术风格。

2.珠宝首饰设计属性的应用

民族风格运用到现代珠宝首饰设计中，要遵循一定的规制，寻找一些最具标志性的民族特色的符号、形状、流行类型的视觉传达。

民族首饰往往被夸大，很多是用于节日或仪式的。对我们有帮助的装饰形象，一些绘画中常见的民族符号，在设计中借鉴、参考，使首饰设计可以增添光彩。

例如，苗族制作了以“大”为美的传统苗族银制首饰。这种硕大、厚重、形制多样的银饰成为苗族民族性的显著特征。苗族妇女大多身形瘦小，但佩戴的银饰巨大，身形几乎埋没在银白色的饰品中，且有清脆的声音。银饰主要用于装饰身体、祭祖等。一个戴着象征爱情银项链的苗族姑娘走得飘逸，营造出一道亮丽的民族风景。然而，苗银首饰与传统的汉族金银完全不同，其“美于光彩、美于有重、美于丰盈”的设计理念在现代都市中应该避免太大的形状，并且应该轻巧简单，尤其是平面和线性设计图案。

在材料形式上，一些常见的民族风格材料也可以用于珠宝制作。例如元代玉壶春瓷器的代表形式，其精确的尺寸是平面设计的一种不同寻常的理念。我国某珠宝设计学院教授曾经有一个蓝宝石设计，即玉壶春瓶的造型。此设计灵感来源于元代青花瓷“玉壶春”瓶，以蓝宝石、钻石为材质，采用拼接镶嵌的手法，耗时近半年之久，完美体现元青花明艳质朴的艺术效果。饰品廓形表现的是玉壶春瓶的残片，并非完整，却将残缺美发挥到极致，给人无限想象的空间，隐喻着文化的断裂带来的空虚和怜惜。此外，还有很多不同民族的鲜明艺术风格，在设计创作时也值得借鉴和参考。

第三章 现代珠宝首饰设计特征

第一节　现代珠宝首饰的设计方式

在当今多元化社会，珠宝设计趋向于融合多种风格和工艺，用料丰富，创意新颖，版式设计别具一格。珠宝所表达的词可能是装饰或个性的表达、对自然的关怀或现代潮流的表达……珠宝首饰设计的形态风格大致可以分为以下四类，即古典风格珠宝设计理念，自然风格设计形态、现代人文主义风格以及超现实主义前卫风格创意等。

一、珠宝首饰的设计理念

（一）古典风格首饰设计理念

在现代珠宝设计领域，复古潮流每隔几年就会卷土重来，并一直持续下去。因此，古典主义与现代意识潮流的对立，是至高无上的简约。

古典风格的首饰以做工精细、价格不菲的金银首饰为材料，色彩艳丽，图案错综精致。例如传统丝织品上精致繁复的纹饰、中国传统古建筑的雕梁画栋、巴洛克风格的建筑雕饰，或者可以连套几十层的象牙“鬼工球”等，都能成为古典风格珠宝首饰设计的灵感来源。

所谓古典风格，不能是对传统设计的复制和完整复制，否则就会成为一种模仿。因为不同时期的风格不仅有着深厚的文化背景，而且还与特定的社会文化相关联，促进了它们的成长和衰落。因此，现在我们能看到古典风格，从遥远的古代非洲文明直至上世纪初的各种艺术运动中汲取设计灵感，将其中的元素分析、打散之后再重组排列，且加入现代设计理念，运用现代工艺和材质，表现传统美学的基础上，又拥有新时代特征。

（二）自然风格首饰设计理念

自然风首饰是指体现设计本义，让佩戴者回归自然的首饰。随着现代化的加快，土地、水、森林、空气以及矿产资源的大量消耗，对大自然的保护和重塑已成为刻不容缓的环境问题。在这种大环境下，人们更加渴望“回归自然、拥抱自然”，这将直接激发珠宝首饰的设计理念。

各种丰富美好的形、色、声等充斥大自然的每个角落，如兽类斑驳的皮毛、河边摇曳的野花、大海的波浪以及不同季节树叶的颜色等，都为珠宝首饰设计提供设计素材。这些视觉观感来自自然领域的设计作品，不仅会清楚地展示原始天然材料的魔力，而且影响也非常无限。人们可以从花形耳环、蝴蝶形戒指、圆点形耳环和藤形耳环中闻到清新的气息和柔软的触感体验。

其实自然风格首饰不仅是指材质上使用天然材料，还指向作品的形态、色彩和触感都采用了自然和谐的元素。比如，猎豹奔跑时优美的线条、水果和树叶的斑斓色彩、天然石材或者木质的温润触感等，以及简洁明了的线条廓形，都展现出质朴天然的特性，给人以祥和、简单、和谐的心理感受。

（三）现代人文主义风格首饰设计理念

纯现代自然主义风格首饰设计风格，是在纯现代设计理论的大框架内，将首饰设计的自然属性从属于人文属性。这种风格首饰的廓形采用工业化、机械化和几何图像以及空间模式。在艺术造型中，点、线、面、体成为主要的造型元素，不同的概念框架削弱了珠宝造型的自然特征，不同的自然意象组合成几种常见的、规则的几何符号。

这种纯粹的几何形式是如此强大和实用，一方面，它符合现代机械生产的特点，便于大规模生产；另一方面，它重复了短暂的审美情趣和一直发展的现代社会。

（四）超现实主义前卫风格首饰设计理念

21世纪是个性化的时代，人们的自我表达意识一如既往地表达出来，人们在表达艺术中更热衷于表达自己的精神和情感，珠宝设计也体现了表达的审美精度。因此，反映制作者或佩戴者特定想法或形象的前卫风格的珠宝也称为艺术珠宝或概念珠宝。前卫珠宝的标志是对个性的追求和对意义的关注，其中模棱两可、隐喻、象征和雕刻感性成为特征。前卫风格的珠宝追求象征意义和精神关注，并在形式上超越创造力。

高科技的涌入提升了前卫的风格。珠宝的主题和造型、材质的组合以及黑白的对比，都产生了巨大的差异。

珠宝设计是珠宝商用来描述设计思想的一种表达方式，是设计师表达设计意图的工具，是设计师情感和设计理念的表达。

由于珠宝制作是一门立体的艺术，其表现形式必须包括在二维平面上的三维空间中考虑的形式，结合其他观看方式和仔细绘制的能力。国内外不同的思维映射方式提供了很多不同的设计理念和表达方式，其效果表现大多使用计算机辅助设计软件来完成。每种不同的表达形式不分优劣，都有其长处和局限性。在设计中，设计师要不断完善自我，学习多种技艺和工艺，才能找到最适合自己的表现形式，逐步形成自身独特的艺术风格。

二、设计图的表现方法

（一）设计图的绘制

珠宝首饰的设计图具有一定的直观特性，其过程分两个步骤：设计草图的勾勒绘制以及正稿的完成。无论哪个步骤，绘制时，要基于对珠宝首饰整体结构和特性的理解，才能以精准的线条和块面表现其形态和色彩，还要将自身的感性理解结合其客观存在，把握双方的界限和尺度，很大程度上，设计师并不能像画家那样充分表现自己的个性。

1.设计草图勾勒绘制

设计草图并非完全孤立的起始阶段，它在设计最初的创意阶段就开始与之相配合，甚至有时候在创意构思还未开始时，就已无意识勾勒，从中会得到启发和思考。设计草图既是设计的第一步，也是至关重要的一步，草图蕴含着整个设计过程的重要信息和作者的设计理念，有时候它是局部的，仅仅表示某个细节，草图的设计细节又反映到设计理念中，设计理念变得更加深入，且能大致表现最终的效果。

设计图纸可以按比例缩放，标有文字说明，可表达廓形和结构，也可绘制成设计产品爆炸图。设计草图可仅用一支铅笔完成始终，非常通俗直观地描述作品，修改时无任何限制，标注齐全。

2.设计正稿绘制

一旦对设计草图进行完整分析之后，各种细节得以完善，设计产品的概念以及整体构想可以确定。此时，正稿可以开始绘制了。珠宝首饰设计正稿要结合草图的最初思路，完整表达整个构思和作者意图，是最终的设计文案。

正稿需要非常精确的形式表现，客观表达珠宝首饰的形态、色彩和细节。尤其是三视图需要具有客观性和准确性，能真实表现作品不同角度看到的效果，并不需要过度的描绘和夸张。虽然它以真实客观的方式表现设计作品，但也需要生动、丰富的表现手法，具有强烈的视觉冲击力。

（二）工具的使用

现如今，设计师在绘制设计图时，渐渐摒弃了手绘工具，对计算机的依赖日益加重。计算机的各种绘图和设计软件，对物象三维空间的模拟以及对产品质感、结构的表达都非常仿真，并准确提取数据以进行模型处理。然而，在珠宝首饰设计师最初的设计构想早期阶段，其思维是不稳定的，碎片化的。很多想法是转瞬即逝的，计算机软件无法捕捉到这些思维片段，即便是要通过软件表现，也不是最初的灵感。而手绘的图稿，可以直观体现设计师最初的想法和感受。正稿绘制时，手绘的笔触和色彩，可以体现不同设计师的个人艺术素养和绘图水平，从文字中看到个性，从用色上看到其思维模式，从形态上呈现其对作品的理解等，这些直观的表现，是计算机软件无法做到的。因此，在珠宝首饰设计制作中掌握手绘表现方法和技巧是非常重要的。手绘工具包括绘图用纸张、绘图笔以及一些辅助工具等。

1.绘图纸

珠宝首饰设计绘图纸主要包括速绘纸、描图纸和有色彩纸。

速绘纸又称速描纸，一般用于速绘过程，可迅速记录、抓取思维片段和灵感。色白而不透，且有一定的厚度和硬度，表面并非十分光滑，相对粗糙，适用于马克笔、水笔、水彩以及色粉。且耐摩擦，橡皮多次在上擦拭也对纸张无太大影响，绘制的线条流畅，色块均匀。

描图纸俗称“硫酸纸”，80%透明度，一般在复制拷贝设计图时使用。适用于各种硬度的铅笔、彩铅，甚至可以直接用水粉颜料和马克笔。马克笔分油性和酒精性，在一般纸张上绘制时容易渗透，污染下方的纸张，而硫酸纸很好地避免了这点。有些创意性的设计，甚至直接将硫酸纸作为纸张运用，具有特殊的视觉感受。

有色绘图纸既有白色，也有彩色，纸张较厚，磅数高。其表面较为粗糙，适合水粉、色粉、彩铅、针管笔等，其性质类似速绘纸，耐摩擦和修改，一般可作为正稿的绘制。

2.绘图笔

绘图笔在绘图设计绘图中起着重要作用，带软笔的笔芯软硬度为2级铅笔通常用于初步绘图和草图，还有笔尖直径0.5毫米的自动铅笔，可更换且易于擦除。最初的绘图可以用彩色铅笔绘制，或者立即用彩色粉笔、记号笔或两者的组合勾勒出来。成品图一般用硬芯4级铅笔，也可以用笔尖直径0.3毫米的自动铅笔，不易改擦，对画小钻头有足够高的耐久度。最后根据需要用针笔确认局部，露出边界。使用柔和的颜料和各种水彩笔来绘制完成的草稿。

3.绘图尺

在绘图尺的选择上，基本使用“固定用角”尺板（又称角度尺）

以及花式尺板（又称符号尺），角度尺可用于绘制水平线、确定90°角，以及物象投影。花式尺板分多种角度，有各种几何形态，如方形、圆形和椭圆等。尺板的运用，能减少绘制过程中的修改次数，保证画面的整洁以及设计作品投影角度的准确性。

4.其他绘图工具

其他绘图工具还有针管笔、鸭嘴笔、擦笔、美工刀、美纹胶带、遮挡胶、橡皮（软、中、硬用途不同）、可塑性橡皮泥等，在效果图绘制中起到辅助作用。

三、现代珠宝首饰“以文化为基石”的营销理念

珠宝种类繁多，来源广泛，有水生的珊瑚、珍珠、贝壳，也有来自矿物的金属、玉和各种宝石，由于其相对稀有，价格昂贵。其性质原本是自然性质，不具有任何文化属性。而珠宝受到人类青睐的原因，除了其自身的自然价值之外，更多的是它的社会属性和文化内涵，这些属性实际上是人为赋予的。当这些来自自然的原材料被人类加工制作成首饰产品时，它的身份发生了巨大的转变，几乎每一种材质的珠宝都可以用不同的文化内涵去阐释。其中，包括人类最原始的精神意识形态，哲学体系、道德观念、审美情趣和不同地域不同族群的民俗民风。此外，珠宝首饰作为流通的商品，有时候还具有货币的功用进行物质交换和流通，并有一定的增值功能，有利于社会的财富积累，具有经济学的意义。因此，珠宝首饰文化与珠宝营销理念是息息相关的。

在现代营销中，销售环节被企业作为重点，在营销中占据主导地位，各种营销策略应运而生，传统营销中是一种非常有效的策略。

（一）文化营销的概念

文化营销是指企业在其经营活动中采用文化变革策略，关注企业所针对的目标市场的文化环境，激发消费者对旨在减少或防止商业和外国文化之间的冲突，文化是促进刺激制造商营销的手段。不论国际还是国内的营销活动，都适用于文化营销方式。方法和手段皆不相同，依据目标受众的不同情况而定，比如其职业、文化水平、国家、民族、经济状况等。文化营销在操作过程中要关注两个方面。一方面，要适应目标市场的文化，适应受众的整体环境，不论是国内还是国际营销中，都要充分考虑到当地的文化背景、当地风俗习惯、人文环境等，以免和地方习俗和集体观念相冲突。另一方面，文化策略的运用，要有主动性，不仅仅是适应受众的文化理念和民风民俗。

（二）我国珠宝首饰文化营销之路

我国的珠宝首饰文化是整个中华文明体系中的一个重要元素。良渚遗址出土了大量的玉器、玉石饰品，说明新石器时代就以玉为饰，且在此之上用金刚砂等坚硬材质雕刻精美的纹饰，其中蕴含对自然万物的敬畏以及对宇宙运行的思考，此习俗流传上千年，制作工艺越来越精湛复杂。直至儒家文化的兴起，君子尚玉，《礼记》中记载，玉有“十一德”，东汉学者许慎《说文解字》认为，玉有“五德”，其含义大致相同，包括忠诚、正义、礼仪，等等，还从玉的温润色泽、丰富的肌理、坚韧的品质等去解释玉的德行，以玉喻人，“玉，石之美者，润泽以温，仁之方也；理自外，可以知中，义之方也；其声舒扬，专以远闻，智之方也；不挠而折，勇之方也；锐廉而不忮，洁之方也。”实际上，是形容君子高洁坚韧的品德，再加上千百年玉器匠人积累的精湛技艺，使得玉制品精美灵动，因此玉制首饰数千年经久不衰，深受各个阶层的喜爱，我国也是全球最大的玉石消费市场。

在人类的经济体系中，黄金、白银一直作为流通的贵金属存在，具有货币的功能，且是国家管制的金属。当国家政策相对宽松，金银不再作为管控物，而成为首饰的主要材质。因此在人们的观念中，很长一段时间，首饰总和“金银”联系在一起。此时，金银作为有着美丽色泽的金属，它们的美学内涵也越发凸显。人们更关心金银作为一般消费品的装饰功能时，还将金银作为一种保值方式。到20世纪末，我国对金银首饰的需求量已领先世界。此时，钻石资源十分有限，文化收藏也不少。“钻石恒久远，一颗永流传”这句话塑造了钻石首饰在人们心中的位置。中国每年出口的钻石首饰使用量就达到近200亿元，成为亚洲地区钻石销售量最大的国家。此前，世界某知名珠宝品牌曾公布对于亚洲钻石消费市场的调查报告，表明中国东南部地区的婚庆市场上，钻石婚戒的消费量已经超过亚洲所有的国家，作为戒托的铂金，其销量在十年间远超黄金，且在全球消费范围内超过一半以上的比重。铂金首饰在除日本以外的大多数亚洲国家并不太流行，而我国珠宝行业中铂金和钻石的流行，显然不仅仅是物质财富积累的结果，而是将珠宝首饰文化融入其中，且走向世界，成为世界文化形态的一部分。

珠宝首饰文化营销的概念在我国传统文化体系中并不存在，是一个新兴的理念。因此，许多珠宝首饰企业对其重视程度远远不够。我国有着悠久的玉石文化，其他形式的珠宝饰品也在快速发展，珠宝企业要做的，除了保证首饰产品的质量，更要从“文化”方面入手，赋予其特殊的含义，做到形式和理念相一致，实现现代“文化营销”的战略。

1.丰富珠宝首饰产品的文化内涵

对于大众来说，目前的珠宝首饰已成为较为普及的消费品，但仍属于奢侈品范畴。在我国相关珠宝行业举办的珠宝首饰大赛中，得奖的参赛作品不仅形制新颖，材质特别，更大成分是其中的文化元素，有的体现了人和自然的和谐共存；有的表达美好的爱情和亲情；有的是对未来的展望，甚至衍生到深邃的哲学理念……并留下巨大的想象空间，体现了神秘厚重的东方美学。有些作品在表现传统的同时加入很多现代时尚元素，例如几何造型、不规则形态，以及环保材质等，给人耳目一新之感。因此，珠宝首饰文化的发展应该是多元的，植根于民族文化的土壤之中，吸收一切可以借鉴的外部因素，多种文化形式、多种理念相融合，才能寻找到适合我国特色的珠宝首饰文化新路。

2.树立珠宝首饰品牌的文化架构

珠宝首饰企业品牌的塑造，其中最重要的组成部分就是其文化意义，它体现了企业整体的精神面貌、领导者的价值观体现以及集体的形象特征，甚至能体现某一个地域的区域性文化。例如，位于广州的一家珠宝首饰企业，在推出一系列黄金首饰的同时，提出“因为一件饰品，爱上一座城”的口号，将闽越文化、客家文化的装饰语言融入其中，体现了首饰自身的文化内涵，以及珠宝企业对于区域文化的理解和创新。珠宝首饰行业具有特殊性，是文化加持的行业，文化的脉络搭建是整个企业的架构，企业将这种特殊性充分发挥，且利用地域性的环境优势，创建自身特有的企业文化形态。

所有成功的珠宝首饰品牌，都将诚信、顾客的评价以及满意度放在经营理念的首位，20年间，中国玉石协会向社会推荐珠宝首饰行业驰名品牌，到现在已经发展到60余个，其中9家被授予“中国名牌”荣誉称号。这说明，这些成功企业，严格遵守珠宝首饰行业特殊的经营理念，创建良好的企业文化模式，在文化产业方面有其突破性的进展。

3.加大文化宣传力度

相对于整个文化系统来说，珠宝首饰文化在大众中的普及时间尚短，且珠宝企业的文化营销尚不到位，其受众对于珠宝的文化内涵和形制特征了解不够深入，很多时候，购买时仅仅看流行款式和类别，是一种盲从行为，似乎不知道自己到底想要什么，更不用说如何做到去了解和融会。

因此，珠宝首饰的营销方式，一方面去了解目标市场的需求，他们想要什么和想了解什么，是否对珠宝首饰的文化背景有兴趣，是否接受其文化内涵，如何接受等；另一方面，是要在消费者购买行为当中，加入营销者的思维方式，灌输其文化脉络，发挥自身的营销文化的作用。对于消费市场来说，它的运行是双向的，既受营销行为的驱动，又影响着文化营销的行为模式。而消费者的购买过程，同时是一个学习过程，学习了解珠宝首饰的文化背景和含义，又明确自己的需求，对于供需双方来说，是一个共赢的行为和过程。文化营销的目的也就此达成。

对于珠宝首饰企业来说，文化和知识在营销体系中的分量，决定了它的成功与否。营销者要时刻把自己放在消费者的角度看问题，与之形成精神上的共鸣，使每位消费者都感受到来自产品企业的重视和尊重。消费者希望，自己购买的每一件珠宝首饰都是独一无二的，在批量化生产的今天，这是一个可望而不可即的愿望，那么只有赋予产品独特的文化内涵，加强营销团队的知识储备，才会让消费者觉得买到的首饰具有了文化的归属感，是属于自己唯一的物品，具有独特的个性和形式感。

珠宝首饰的价值不仅仅是自身材质的经济价值，更多的在用户其文化内涵，当文化营销方式到位，它的经济价值会加倍增长，能极大提高产品的利润和知名度。珠宝首饰的文化营销模式，要从设计开始入手，树立健康的企业品牌形象，从文化方面做深度推广，包括有“情怀”的包装等，将人为赋予的文化含义融合前沿时尚的设计理念和风格，打造独特的文化品牌，展现珠宝首饰产品的内在文化价值。

第二节　现代珠宝首饰的形式构成

一、现代珠宝首饰的类别

“珠宝”一词已经演变至今，由金银等贵金属制成的白金银首饰、金银制成的首饰和镶玉的金银首饰。

首饰分类的标准很多，但最主要的还是按材料、工艺手段、用途、装饰部位等来划分。

（一）按材料分类

可分为金属材质和非金属材质，金属材质又可分为贵金属和常见金属，贵金属一般为黄金、铂金、银等，常见金属一般是铁、铜、镍合金、铝镁合金、锡合金等。非金属材质类型比较广泛，比如皮革、绳结、面料、塑料、骨骼、贝壳、竹木、宝石及半宝石、陶瓷玻璃，等等，可塑性强，制成的首饰有着较好的视觉冲击力。

（二）按工艺手段分类

按照工艺方法，首饰可分为镶嵌和非镶嵌类。镶嵌类根据原材料的不同又可分高档珠宝玉石和半宝石类，高档珠宝有钻石、翡翠、狭义和田玉、红蓝宝、祖母绿、金碧猫眼、咸水珍珠等，半宝石类有石榴石、绿松、青金、水晶等，这些来自大自然的原料，质地多样，形态各异，或华贵或质朴。近年来，通过个性设计，其消费受众有了年轻化的趋势。非镶嵌类有足金、K金以及石材、人造材质整体材料模塑或镂刻而成，造型多变，在消费市场中占据半壁江山。

（三）按装饰部位分类

按照装饰部分分类，则和传统首饰分类方法基本一致，可分为以下几种：

1.戒指

无论造型复杂与否，戒指都由三部分组成：戒面、披肩和戒圈。

戒面是构成主要装饰图像并反射主体的部分，同样在照明方面。披肩是形成第二个装饰特征的部分，充当箔片，用于将戒指的正面连接到两侧。指环部分是指附着手指的部分，主环、环面和披肩底部。最简单的戒指形态只有一个圈，称为“素圈”。戒圈的结构有重叠、交叉、凹凸、顶部开口或者底部开口等。

2.耳饰

耳饰根据不同形式和构造，分为针型、尖针型、扣型、夹型、钩型、夹型、螺丝型、铂金型和形状型。又称为“耳环”“耳铂”或“耳坠”，古时为“耳珰”形式。肉眼可见的是表面装饰部分，佩戴时紧贴耳垂正面，后由钩状或者针状穿戴装置构成，佩戴时隐于耳后。

3.项饰

项饰分软质和硬质，又称“颈饰”。软质称“项链”，其构件元素是细小的空心“Q”形或者变形的环状，环环相扣，形成长链，两端有扣头或者钩扣。还可配以各种形态的挂坠作为组合。钩扣可手工制作，也可量化生产，材质多为金、银、铂金、合金、K金等，有的钩扣造型别致，甚至有“挂坠”的功能。硬质项饰即项圈，圈体有实心和空心之分，下端可挂锁片、玉饰、织造面料的荷包等。

4.胸饰

胸饰即胸针，又称胸花。通常佩戴在胸前，也有装饰在腰部、手包上的。装饰主体附着在上衣表面，题材多样，有花卉、虫鸟、人物、建筑物等，甚至还有水果、食物等。其后的佩戴装置有别针、插针以及纽扣式等。

5.臂饰

臂饰是戴在手腕或手臂上的一件首饰。可分为手镯和手链。

（四）首饰按照功能分类

1.单件首饰

单独佩戴的首饰，如单独佩戴的戒指、耳环、胸针以及项链等。

2.套件首饰

套件首饰多见三件、四件套等，其中每一个组成元素材质相通，设计形式相互呼应，色彩基本相类。例如，用黄金和海蓝宝石组成的耳钉、腕饰和颈饰，整体形式感强，和谐统一。

3.多用首饰

所谓的多用首饰，是具有多功能的首饰形式，一件首饰有两种以上的佩戴方式。例如泰国一款钻石王冠，为条状铂金镶钻组合而成，拆开可做项链，也可做胸针使用。多用首饰设计精巧，工艺高超，无法大规模批量生产。

多功能首饰将大行其道，这符合当今人们的生活节奏和价值观，人们的工作和生活被节奏加快，很难花太多时间在选择首饰款式上。同时，人们期望频繁改变自身的形象，一件首饰能出席多种场合，因此多功能首饰在市场上深受欢迎。比如手镯可以做成双层活动的，由两部分组成，放在一起单手佩戴，分开后其中一部分可作为形态夸张的胸针或者包饰使用，给人不同的感受。

4.时装首饰

时装首饰一般造价不会过高，是配合整体服装的材质、色彩和风格的首饰，经常用于时装走秀、舞台等场合。受灯光原因，在舞台上展现时，需要亮度和光泽，时尚首饰通常由具有强折射性的材料制成。未来，人们对珠宝装饰的需求将超过他们对珠宝维护的需求。

5.流行首饰

流行首饰重点在于“流行”二字，说明它具有时间限制。与服装、产品、染织、室内装饰一样，讲究个性的表达。对首饰的色彩、形态、光泽、佩戴方式等都有一定的时效性。可能，今天还是广为流传的一款饰品，一个月后，就在市场上消失了。一般它更适合年轻人的审美，凸显单一性、张扬的个性表达，并具有一定的群体性审美。

6.纪念首饰

为纪念人生中重要事件，如出生、订婚、结婚、金婚、获奖、节日等制作，可以永久收藏或者随身佩戴的首饰称为纪念首饰。

二、现代珠宝首饰的色彩、肌理和造型元素

（一）色彩元素

所有颜色都是美的。然而，在选择珠宝时，消费者往往无法专业地辨别色彩搭配。当颜色被人为随意地组合起来时，不仅会降低美，还会影响珠宝的外观，影响人们的视觉审美。

颜色和光是密切相关的，没有光就无法在视野中感知颜色。但客观和真实的颜色是不可能找到的，人们看到的只是颜色关系。对于色彩的经营布局来说，视觉观感是最重要的要件，不同环境、不同光线之下，同一种色彩会呈现出前完全不同的视觉体验，这是珠宝首饰设计师必须要掌握的视觉技能。因此，珠宝设计师在设计首饰时，应着重于理解和研究色彩关系，提高自己的色觉和表达色彩的能力。

相同的颜色在不同的表面上会产生不同的视觉效果。比如同样的红色，因为材质的区别，石榴石和红玛瑙给人完全不同的视觉观感。另外，不同的色彩搭配组合会产生不同的视觉效果。例如，橙色和蓝色是色环中180度的补色关系，两者结合起来，橙色会很亮，很突出，而红色和白色结合起来，明度会稍微减弱。此外，同一种色彩在不同距离观察，视觉感受也会发生变化。例如，看文森特·梵高的《睡莲》，近看时，看到的是一团团卷曲的蓝色、白色、玫瑰色的色块，远距离看时，大幅的睡莲和湖面清晰可辨，令人震撼。这就说明，距离越近，看到的是局部色彩，远距离观察，看到的是整体。

1.色彩三要素在珠宝首饰中的体现

色彩三要素即色相、明度和艳度（之前的色彩教科书称为“纯度”），它们决定了色彩的变化和性质。首饰设计中运用好这三要素的关系，是一件作品成功的关键。

（1）色相的表现

用三棱镜对着太阳看，能分析出红、橙、黄、绿、蓝、靛、紫七个色域，每个色域包含着百万种有细微差别的色粒子，相邻的两色之间无明晰的界限，呈现出渐变的效果。但是，由于受材料的限制，珠宝首饰材料显示的色相是有限的，此时做好不同色相的组合、排列和搭配，又是首饰设计的一个关键点。

（2）明度的表达

亮度有差异。在亮度方面，白色最亮，亮度最低。在颜色方面，颜色之间的柔和度存在差异，红色最高，紫色最低。在首饰的材质中，白色的玉石、珍珠、贝类以及黄水晶、黄玉等属于高明度，紫水晶、石榴石等材质属于低明度。在设计过程中，把黑色和白色进行搭配，就能产生不同明度的灰调子视觉感受。或者将不同明度材质用同等廓形进行排列，也能产生不同颜色的明度等阶效果。

（3）艳度的创意

艳度被称为“纯度”，也称为“彩度”，指的是颜色的饱和度和鲜艳程度，或者是颜色中白色和黑色的含量。纯色看起来很有吸引力，但它们也很难与其他颜色相匹配。例如红宝石中的鸽血红，其色属于艳度较高的“中国红”，一般与铂金、黄金等简单色彩的材质搭配，基本上一件鸽血红为主的首饰中，不会出现三种以上的色彩。

现代色彩理论认为，色差是由光的变化和干涉引起的，光与反射是色彩相互作用的基础。例如，风靡欧洲的蓝宝石首饰，其蓝色调的明暗对比在光的作用下会形成明暗的色彩变化，给人一种淡雅、柔和、宁静的感觉，微妙的色彩变化能直达心灵深处。珠宝首饰色彩的研究过程中，不同艳度的变化和组合也是重要的环节。

2.首饰材料的色彩应用

作为珠宝首饰的原材料，基本都是彩色的。玉石、宝石等材质色彩各异，华美夺目。不同色系都有相似色彩的宝石珠玉，例如红色系的有红宝石、石榴石、碧玺、托帕石、钻石、日光石、珊瑚、玛瑙、翡翠、芙蓉石等；紫色系的有紫晶、方柱石、萤石、翡翠等；很多时候，同一块宝石会呈现多种颜色，例如碧玺、欧泊、黑珍珠、玛瑙或者蛋白石。塑料、玻璃、珐琅等合成材料，在光照条件下，也能实现丰富的色彩层次，满足不同的设计需求。

天然形成的色彩视觉感受柔和、和谐、自然，同时可以对其人工加工，以增强色彩，保护材料表面。现在珠宝首饰设计中，对于金属材料多采用橙黄色和白色，例如黄金、玫瑰金、铂金、银等，在此之上可镶嵌彩色宝石，或者上玻璃釉，以及景泰蓝工艺，等等。且随着科学技术的发展，金属本身也可以具有不同的色彩。例如，电镀工艺、喷塑工艺，等等。还可利用银发黑剂以及滑石粉使白银表面发黑，呈现出古朴之美。

3.首饰色彩的文化心理和视觉心理效应

色彩的目的不仅是为构图提供视觉上的感性美感，还具有传达文化心理、视觉心理等特定信息的功能。人们感知颜色的方式有时与文化因素有关。在黑白的情况下，它是一个人第一次感知颜色的基础。白玉或黑玉制成的首饰，表面上缺乏丰富性，看似单一朴素，但其核心却有着深刻的花纹。历史遗产为黑与白注入了一定的文化意义，黑与白与阴阳哲学概念相辅相成，被认为是崇高的、理想化的色彩。

人类在发展过程中，形成形形色色不同的风俗习惯，其中就包括色彩心理。表现为不同的族群对于色彩的感受是不同的，在这种感受之下，色彩有轻重、冷暖、远近、膨胀或者收缩等。颜色明度往往给人一种“较淡”或“较重”的感觉，主要是由于颜色的明暗程度。通常，具有较高亮度的颜色会注意到颜色的纹理，这意味着色调通常会与某个形状产生相似之处。例如，红色切割的宝石因其排列、密度和不透明度而具有方形的视觉外观，再加上方形的心理感觉是平的。同样，红色珠子更接近三角形的心理感觉，而蓝色珠子镶嵌的戒指和绿色珠子的六边形挂饰具有相同的审美心理。甚至有些人看到某种色彩，感受到的并非视觉，而是某种味道或者某段音乐，这就是色彩学中的“色彩通感”。这种感受往往体现在珠宝首饰之中。例如，黄金的色彩和阳光相近，给人温暖、财富和欣喜之感。海蓝宝被视为“心灵的色彩”，一抹幽蓝代表海洋的深邃、神秘和宁静。而深烟紫和田玉，近乎黑色的色彩给人历史沧桑和厚重之感，淡绿的橄榄石令人联想到薄荷和柠檬，给人清新的视觉感受同时，似乎还有酸甜的味道……珠宝色彩的表现，很多时候类似音乐的表达，能感受到快乐和忧伤。和曲调一样，珠宝的色彩能表现高声调和低沉的调性，这些特殊的表现形式，让不同种类的首饰材质发挥不同的功用，体现不同的视觉和心理感受。

4.首饰色彩的对比

珠宝首饰设计极少运用单一的颜色。当两种不同的色彩组合在一起时，它的视觉感受以及色彩心理都会发生变化。例如，橙红色和黄色的组合，会给人一种明艳、热烈、年轻之感，而紫色和白色的组合，给人神秘、深邃和诱惑之感。

色彩的对比和谐统一是一对矛盾共同体。仅仅需要和谐，就会使作品看起来毫无生气。另一种让珠宝活跃的方法是添加颜色对比，使颜色对比在工作中引人注目。包括颜色变化、品种、色调、柔软度、白度、冷暖和质感。在珠宝制作过程中，差异往往重叠，无法完全分开，但感知的重量却有所不同。珠宝设计中的一种常见做法是由颜色对比引起的对比关系，颜色对比的方法主要特点是使用彩色条纹。

5.色彩的调和

由于不同颜色的并置存在不同类型的颜色变化，在珠宝作品中无法控制的变化会产生混乱的视觉体验，因此设计师需要有逻辑地计划来处理每个珠宝的类型。颜色不同的材料、亮度、纯度、颜色、暖度、位置等。它们通过对比来补充，这是珠子颜色的匹配。在珠宝设计中，可以通过使用相同的颜色或不同的配色原则来实现色彩关系的和谐。例如，有相似之处、不同之处、和谐之处和相对和谐之处。

所谓同质和谐，是指考虑到珠子颜色元素的相似性，在颜色亮度、色相、纯度等方面符合相同元素的标准化。对比与和谐不是基于单个物体的对称或排序，而是将不同明度、艳度和色相用不同形式组合，达到不同的视觉观感，例如秩序和混乱，以及视觉的流动性等，从而使之整体统一和谐。和谐是在首饰物品的某种颜色、某种柔和度或白度、两种颜色、两种柔和度、两种亮度之间进行选择，并添加一种非常反差的颜色来降低对比度。也称为“增加颜色分级法”。平衡和谐是指调整作品中各个色块的感知功能，改变色块的位置、可见部分或其在珠子中的位置，以保持可见的色彩平衡。

（二）首饰的肌理和质感

肌理是皮肤的表面纹理和物体的外观，包括纹理、孔隙率、纹理、透明度、标记和其他可见属性。纹理被定义为“服装的经纬排列，通过触摸或投影表面或物质如表皮、外壳的密度或光滑度。质地的松散、细腻和粗糙程度；表皮的程度，石头、文学作品等的组成元素和形状的排列；艺术作品中材料的优越描述；生物组织，该组是机构的定义”。

质感和肌理是相互影响又有密切联系的两个因素，两者既有相同之处，又有区别。材料的软硬、冷暖、轻重、粗糙或顺滑等感受都属于材料的质感给人带来的心理感受。例如，铁给人的感受是冷、硬，而海绵给人的心理暗示则是温暖、柔软。纹理和物体材质同样可以用质感表现，比如冲水玛瑙，其表面的曲线构成给人灵动、柔和和无限的生命之感。肌理则有平面和立体表现，比如用眼睛去观察某个物象的肌理，刺激大脑反映的感受更多来自想象，而触碰到之后，则给人直观立体的触觉体验。

质感和肌理给人的心理反应也是不同的。例如，一块未经打磨的墨玉原石，其粗糙的表面和冷硬的触感会给人以厚重、古朴、沉重之感。而平滑的水晶石，其光滑、温暖和略带光泽的表面会让人感觉更轻、更舒适。一块被切割方正的玛瑙，其多样的肌理给人带来丰富的视觉感受，尽管形态单一，却不单调。再如，切割一半的翡翠原石切片，直接使用的话，令人有“空虚”之感，而增加一些平面形状或触感所带来的质感则会让人感觉“饱满”。另外，三维的肌理更能给人直观的特殊感受，例如水波纹给人带来宁静和温和，尖锐的细小凸起，如果多数排列，触摸之后会有不安之感。

许多天然材料都有特定的形态肌理，如木纹肌理、石材肌理、软性面料肌理、蜜蜡、玛瑙、孔雀石等宝石纹路。在珠宝首饰设计过程中，可以运用模仿、借鉴、重组和排列的方式对自然材质进行重构和塑造，充分利用原材料的特性，且在这之上进行人为的创造，运用各种现代工艺技法，突出其肌理和质感的优点，隐藏其缺陷，使之整体的装饰和实际功能得到提升，符合终端市场消费者的集体审美。

人造材质的肌理和质感集中了人类自身的审美体验，更具有视觉观感。设计师善于运用光影，使这些人造物的肌理在强光下展现多维立体的效果。这种效果更多来自观众的心理暗示和想象，不自觉地给物象增添了肌理的美感。可以轻松有效地改善过于“平”的质感。不同的肌理也可以按照一定的规则进行组合，创造出丰富的视觉和触觉效果，打破其单调性。

在珠宝首饰设计中，对于金属材质，往往会人为增加某种肌理纹饰，修饰金属表面。在珠宝制作中，通常会在金属表面添加合成效果，也称为金属表面改性。修饰金属表面的种类和方法有很多，但一般可以分为以下三类："光面肌理塑造""粗糙肌理塑造"和"花式肌理塑造"。所谓光面肌理，就是为了达到一定的亮度和对比度，运用镜面抛光的方法。细致的表面处理与粗犷的风格完全不同。还可以使用不同的工艺手法，例如"钻铁"和"钻切"工艺，可对金属做各种抛光以及在金属表面刻制纹饰和图案，类似新石器时代的良渚文化玉器，有专家推测，其雕刻工艺十分巧合地和现代"钻切"技法有着相通之处。此时的金属饰片已经具有一定的亮度和平滑度，达到预见的效果。而粗糙的肌理表现金属饰片特殊的哑光效果，如果设计师觉得颜色比亮度更重要，可以对粗糙的纹理采用表面处理方法，主要方法是喷砂和丝光。打磨是用砂光机将金刚砂或细玻璃珠颗粒吹到金属表面上，使其光滑，使珠光区域的光线变得透明。喷砂分为干喷和湿喷两种，干喷表面粗糙，效果粗犷；湿喷更细，效果浑浊。丝光是使用钢丝刷轮使金属表面呈现平行条纹并产生柔和漫反射效果的工艺。

使用"轮刷"工具可以产生不同的线条效果，比如粗的钢丝刷轮可以在类似树皮的金属表面上产生暗纹，细的钢丝刷轮可以产生非常小的圆形，呈现出缎面般的光泽，根据设计要求采用不同的材料和工艺，如雕刻、镶嵌、锻造等。

（三）首饰的形态结构

首饰形态属于三维概念。具有一定的形状和构造，包括其廓形和表面形态。每件首饰都呈现出一定的形状和比例，给人以直观的感受，也能引发人的想象。设计过程中，形态结构起到引领和主导的作用，配合色彩、材质以及肌理之感等因素，给人整体的视觉观感，体现其文化内涵和深远的历史脉络，凸显其鲜明的个性特征。

从某种意义上说，首饰设计由无数的平面构成，尽管它属于三维设计领域。例如，一款胸针，展示给人的即是其主视那一面。这一面着重装饰，是整个画面的视觉中心，而其他侧视面和俯视面，起到配合和点缀的作用。无论是平面还是立体的构件，最基础的元素即“点、线、面”。二维构成中的点、线、面有色彩、质量以及面积大小，具有定位的意义。在视觉上，点线面的排列能产生肌理的质感。珠宝首饰设计属于二维和三维相结合的设计形式，在立体的空间内，点线面的形式延伸和质变了，形成空间维度上的表现。不管空间如何变化，掌握首饰设计的点、线、面、体之间的关系则是现代首饰设计领域中的基石。

1.形的基础—点

在数学研究领域，点有位置，但没有体积、颜色和质量。它是一条线的起点和终点，它位于线与线之间的某处，是一种心理表征。在首饰设计中，点代表独立的小型形态构成，如米珠、小珠管、碎钻等珠宝元件。它还具有纹理和颜色，是空间和位置的有形单位。不同类型的点表示不同的情绪，具有不同的性格表达。例如，切割平整的方形黄玉戒面给人以稳定、规律、静止和实在的感觉；圆形的珍珠吊坠，给人以丰富、活泼、运动之感。多边形点具有尖锐、紧张、不规则、跳跃的联想，比如切割成多面的钻石。而不规则的点脱离了“规整”的约束，例如随意形状的碎石手串，其元件无固定形状，给人自由、随意、活跃、个性的感觉等。

点具有在珠宝造型中脱离出来的特点，并未与其他形式联系在一起。例如，单个宝石戒指或胸针可以起到视觉的强调作用，人在其中有扩展，可以让你感受到。在整齐且高度聚集的点中，许多相似的点等间隔地放置在同一侧，例如由许多颗粒制成的发饰或戒指，穿线的效果导致有感知，比如一条直线，或者一个三维的，比如一个圆。任何意义，只要包含在线条的轨迹中，都能营造出虚线的感觉。因此，可以进行系统修改以产生不同的能量。逐渐改变网点大小可以营造节奏感和空间感。

不断放置的点连接到一个更大的三维形状，或者连接到几个表面（平面、曲面或球面）上，总是给人一种立体感的形状。如黄金耳夹，不同大小的圆点依附于耳夹表面，大圆点和细微圆点间隔均匀，看起来舒适松散；小而密的水滴排列在相等的部分，有明确的包容特质。

2.线是点运动的轨迹和延续

数学中的线只有方向和长度，并无宽度。在珠宝首饰设计领域，线有宽度、长度，还有质感和重量，且长宽变化自由，是一种非常直观和动态的视觉元素。

在点、线、面中，线是最醒目、最具表现力的。美感和爱的交换可以通过线条来表达。首饰中的条纹可以通过注塑、雕刻、镂空、镶嵌等方法制成，有不同的粗细、曲线和方向，它们的特点和运动轨迹变化，对佩戴者也有不同的心理感受。

在珠宝首饰设计中，细线条的组合排列，无论是无序或者秩序排列，都能引起紧张的视觉心理。相对细线而言，较粗的线条，有着明显的张力，可直接体现设计物的空间感和质感。直线简洁明了，干净利落，给人以方正不屈的心理暗示。水平的直线有安定之感，竖立垂直的直线却又有某种动感，两者交叠成十字形态时，会产生某种带有紧张情绪的符号感受。而曲线是“优美”的代名词，例如汉代艺术品的造型以及纹饰，都喜用“S”形，如著名的《长信宫灯》，手捧宫灯的宫女跪坐在地，与手中的灯形成一个大的“S”形曲线；又如曾侯乙墓中的壁画，卷曲的云气纹使画面增添神秘感。直至唐代，卷草纹样的出现，是“S”形的变体……又如原始时期的陶器，表面的水位、涡形纹等，都给人舒展自由的视觉感受，且有动态的想象空间。单独的线条表现力不够丰富，但在小型的首饰中，单线的出现会使视觉感受更加精致。连续的线条排列可看作单线的运动轨迹，通过其疏密、粗细、长短的变化，使珠宝首饰的视觉动感产生某种能量，有强弱、高低、节奏和旋律等不同的情感效果。

3.首饰造型有明显的面积和厚度

几何中的表面表示只有空间而没有体积，而在珠宝建模中，表面具有确定的面积和体积。任何具有声音敏感性的结构都必须与表面的视觉图像相匹配。表面感觉中最重要的部分是空间创造的视觉饱和度。在二维空间中，表面往往比点和线具有更强的表现力。

珠宝“面”可分为几何面和任意面。几何表面在视觉上表现出一种清晰、整齐、整洁的秩序，一种自由而完整的心理感受，而几何形式则表现出它的波动和不完美，而任意的形式则表现出丰富的适应和充满思考的优势。几何曲面又可分为直线几何曲面和曲面几何曲面。直线几何体显得短小、直接、稳定，而弯曲几何体则显得灵活。任意曲面也可以分为非几何曲面和直边形状。

平面上的面通常只看到顶部，看不到横截面。三维曲面可以出现在两个方向：曲面和横截面。断面上总有一条线，其特点是光滑、平整、具有弹性等。而表面则包含块感、饱满和平静等感觉。

表面平滑的面具有延伸感，凹凸不平的面具有体量感，透明的面具有通透感，呈球面的面具有张力感。

（1）连续面的造型

面被折叠、弯曲、翻转，成为有秩序的或者自由的造型。连续面的造型，可以使面与面进行相互转变，甚至于表里不分。

（2）单元面的组合造型

单元复合面的制作是指单元面平行排列或纵向插入（重复或逐渐改变形状和大小）；或单元面松散组合的图像制作。该建模过程允许使用简单的单元组件制造复杂的三维珠结构。它可以组合成复合体（单个绘制单元）或复合体（绘制单元）。

（四）块面更具有视觉分量

块表面表示具有明确的空间占用特征和非常重的视觉权重的表面的三维表示。此外，由于块体具有连续的面，它可以为塑造和影响视觉变化提供许多可能性。

总的来说，积木可以给人一种富足、稳重的感觉；几何积木可以给人一种规整感；有机积木可以给人一种亲切感；线性积木可以给人一种平和、坚定的感觉；流线型块积木给人一种动态的感觉。

珠宝首饰设计中，特别是决定其廓形结构时，许多形态都接近几何形体，在首饰外形设计时，往往作为主要的构件，是其结构的主要组成部分。例如平行六面体、球体、贯穿体、多面体等，不同形态的几何形体会产生不同的审美感受，在设计时，要融合这些不同的审美理念，相互组合、拆分和排列，形成具有现代感的时尚作品。

其实，不仅是点线面的结构归纳，而且有更多的不规则的具体结构充斥其中，且种类纷繁，设计时，应具体分析不同的情况，再进行归纳和重构，只有理解了这一点，珠宝首饰的结构和廓形设计才能充满丰富的艺术语言，而不是像几何图形那样一成不变。

1.空间是不可触及的

空间是指虚拟表面之间的间隙或距离，或被虚拟表面包围。与点、线、段和块不同，空间是一种抽象的结构。深度是空间的本质，我们通过潜在的运动感来感知它，我们可以通过想象来理解和感受它，因此它总是给人一种缺乏对象、简单、神秘和遥远的感觉。

2.珠宝首饰的构成形式

珠宝首饰的构成形式是按照形式美法则（对称、均衡、对比、统一、黄金分割等）对点、线等符号形状或抽象形状进行分解和组合。其构成形式按照构成定律，即排列、重复、异化、重构的行为方式，使之达到一种平衡的状态。其中，表现了个性和共性的关系，也强调了视觉观感的刺激和平稳的结合。

（1）重复构成的方式

重复构成意味着在一个空间中创建或多或少相类似的形态，单一物象的设计以及此物象的布局和规律分析。也就是基本形的塑造和其骨格（非骨骼）的分析设计。设计中常见的重复排列依然适用珠宝首饰设计，先设计一个基本形作为元件，或者可以使用两种或多种基本形状组合。基本形的结构是图像的主体，它充斥在重复的空间框架中，形态简单明了，但形状、大小、颜色、方向、位置也各不相同，这也是由位置和重心决定的。以相同的基本形状重复组合，例如渐变形式，使得整个空间画面有更多细节变化，增加审美情趣。

所谓的渐变，是基本形元件向另一个元件形态靠拢的变化，也是其骨格的变化。这些变化是有序而系统的，不仅可以作为视觉化地指引，而且以其优雅的秩序美满足审美心理学的需要。因为它经常在一个视觉空间中重复出现，所以会营造出有序而齐整的视觉效果，还可以营造出节奏感、韵律感和视觉的跳跃感。

（2）对比构成

在设计构成中，如果需要视觉上的极大反差，则需要对比构成的加入。它是以活跃和跳动的形式来刺激视觉感受。

例如某款耳饰，以薄纱、珍珠和纯银为材质，在薄纱之上用镂空和锁绣的工艺，完成纹样装饰，再将其缝制在纯银圆环之上，体现了材质的软硬对比、透明和不透明的对比、形态的规则和不规则的对比，以及纤维肌理和金属肌理的对比等。

元素的结构多样性是指几何形状与非几何形状、有限与局部以及凹凸、刚度等结构方面的差异。空间变化是指水平与垂直、视觉上与下、重心稳定与偏离、动态与静态的差异。珠宝设计中的变化通常不是一个，而是经常同时发生多个变化，因此需要解决每个变化之间的主次之分，支配局面的微分关系是最为重要的。在两者对比的情况下，必须对差异进行管理以避免复杂化。

可变性是一种违规，在对相同或相似结构的反复调整中产生微小的局部变化，本质上是一种比较的形式。目的是通过对比来吸引注意力，避免明显，所以对比应该是醒目和独特的。主要过程是骨格变化和基本结构变化。

第三节 现代珠宝首饰的基本功能

随着现代社会的快速发展，使首饰的形式和意义发生了质的变化。除了传统的宝石首饰，您还可以找到由木头、陶瓷、不锈钢、塑料甚至纸制成的首饰。由于材料的变化，首饰的质感变得更加丰富多彩，首饰的功能不再局限于装饰功能，传递情感、表达个性，珠宝以我们从未见过或体验过的方式呈现给我们。

一、现代珠宝首饰的功用意义

三国时期的著名文学家曹植曾在《洛神赋》中形容甄宓装饰之华美，如“披罗衣之璀璨兮，珥瑶碧之华琚”“戴金翠之首饰，缀明珠以耀躯”。这是说，佩戴首饰就是为了点缀、美化个人形象。“爱美之心，人皆有之”。正因为追求美，所以首饰文化才得以发展。

和传统首饰的材质基本相同，现代首饰的材质由黄金、银、铂金、开金等贵重金属以及珠宝玉石、珍珠、贝壳等天然材料构成，这些材料稀有、耐用、美观、价值不菲，且黄金和白银在世界各国作为硬通货储备，甚至很多国家把钻石、翡翠、红宝石、蓝宝石、祖母绿、金绿猫眼、欧泊、珍珠等珠宝也作为硬通货储备。因此，珠宝首饰除了具有装饰和保值作用外，还具有不可小觑的经济价值。即便被多代人佩戴和使用，或者做工并不精致，形态也不美观，但珠宝首饰自身的自然价值是无法抹灭的。

正是因为珠宝本身就是昂贵的，所以世界各地的人们都把珠宝当作稀世珍宝，或者是传家宝，代代相传，作为高端奢华贵重礼物，馈赠亲朋好友，或通过定制修改，使首饰成为特殊纪念的饰品。纪念首饰流行于欧美等西方国家，男女订婚时，男方必须向心爱的人赠送订婚戒指，送给新娘一枚结婚戒指，婚戒成为爱情的誓言，是忠诚和诺言的象征。

首饰的佩戴还可彰显人的个性、审美以及道德观念。人们的情感也可用珠宝玉石体现，例如体现君子高洁品质的玉饰、代表华贵和活力的翡翠，代表纯洁的珍珠以及代表爱情的钻石等。这些珠宝玉饰除去自身的自然价值之外，是被人为赋予的特殊属性。

当代首饰风格多样，材料运用极为丰富，创意更为突出。珠宝设计师使用串珠形式来表达自己，也许是一种自然的感觉，或者是幽默有趣的东西。由于是人体的基本装饰，珠宝等独特的小图案，相比其他小创意形式，似乎特别容易接近。但其中的神态、象征意义和情感是其他物件所不能达到的。

总而言之，如今的人们将珠宝视为紧跟当代潮流、提升生活方式、改善心情的手工珍品。

二、装饰、情感、实用的基本功能

（一）装饰功能

随着社会的发展和设计理念的转变，现代珠宝正在慢慢摆脱以珠宝财富、地位为基础的概念，设计师在设计中表达对珠宝纯粹审美意图的体现，发挥现代珠宝的装饰功能。

（二）情感功能

当用作订婚戒指或结婚戒指时，戒指不仅仅是一种装饰品，而是代表着两个人的结合，是天长地久的承诺，也是象征美好的爱情。

(三)实用功能

时尚、创意和独特的多功能珠宝体现了设计师的热情。比如耳环可以当耳钉戴,也可以单独戴在吊坠上;发饰不仅可以戴在发髻上,也可以作为装饰品,佩戴在服饰上;精致的耳环,可以变得款式繁多,让人眼花缭乱;耳机被做成时尚的耳环造型,可以当音乐播放器使用,也可以用在首饰上;华丽漂亮的纽扣不仅可以作为服装装饰配件,而且在门襟连接中也起着重要作用。

第四章　中国现代珠宝首饰设计的艺术语言

艺术形式主要应用在雕塑、绘画、建筑、音乐、电影、播音等方面，它的应用范围都是与人类密切相关的创造性活动。艺术自身可以是一个宏观的概念，当然也可以是一个具体的物品的代名词，特别是当艺术派系发展到今天，多样化的艺术欣赏角度使得艺术所涵盖的内容极大的丰富。这也导致艺术更加重视人的主观能动性的发挥以及人的价值体现。

“珠宝”主要指的珍珠、金银等贵重的物品，很多情况下珠宝是主人身份、地位、财富的象征。“金银”与“珠宝”在具体的定义上具有一定的严格意义上的划分。在古代，金银在相当长时期内充当货币职能，在社会中较为常见。金银具有和钱币一样的功能，能够广泛地在百姓生活当作钱币使用。此时的美学功能被削弱。而珠宝玉饰基本上作为装饰品和收藏品出现，也不会在消费市场中作为直接的货币使用。

而今珠宝概念与首饰联系在一起，比广义的宝石含义更加丰富，它包括金银首饰、以彩色宝石、钻石为原料进行制作加工而成的首饰或工艺品，以及用玉石和贵金属原料、半成品制成的佩戴饰品、工艺装饰品与艺术收藏品。这也就导致珠宝的应用更加重视物品的物理属性以及材料价值属性。

现在我们所说的“珠宝首饰”，既包括金属类首饰，也包括各种珠玉宝石所制的首饰，“珠宝”的概念领域扩大了。它包括钻石、彩色宝石、半宝石、水晶、玉石等镶嵌、加工而成的饰品，有装饰佩戴的功能，也有收藏功能。因此，珠宝的设计加工和应用功能，使它的物理属性以及材料价值属性被放大了。

当社会生产力发展到一定阶段之后，人们不再是单纯地追求珠宝自身的价值属性以及物理属性，而产生于珠宝自身之外美的追求，珠宝师根据客户的需求对珠宝进行加工，加工技术也成了评估珠宝实物价值的重要标准。例如，我国明代末期有一位著名的雕刻大师陆子冈，擅长在玉器上进行雕刻设计，人们对于他的评价远超当时任意一位雕刻大师，且形成名为“子冈玉”的市场产品，并能够在市场中卖出远高于玉自身的价值。根据现如今能找到的参考文献《苏州府志》中记载：“陆子冈，碾玉录牧，造水仙簪，玲珑奇巧，花茎细如毫发。”从侧面表明陆子冈加工玉器技艺的高超，古人也具有欣赏此项技艺的能力，说明从我国古代开始就有着将珠宝首饰设计艺术化的发展趋势。

伴随着社会艺术的不断发展以及社会生产力方面产生的变化，人们对于艺术的欣赏呈现出多元化的特点，艺术风格也是百花齐放。不过人们对于美的追求是必然的，这也使得很多艺术创作者开始进行珠宝设计的尝试，且将不同的艺术风格与珠宝设计相融合，从而产生了真正意义上具有艺术性的珠宝设计作品，这些作品对未来的珠宝设计的风格、材料、内涵、主题等设计要素产生极为关键的影响。

第一节　具有中国传统文化元素的现代珠宝首饰艺术

在漫长的人类发展史中，随着社会生产力的提高，人们不仅注重物质生活，而且对精神生活的要求也越来越高，其中就包括对自身的美化和装饰。通过佩戴珠宝首饰，可以提升人的整体气质，能赋予人不同的视觉感受。因此，在现代珠宝首饰的设计过程中，文化的加入，使它的内涵更加厚重，且现代人的审美更愿意看到传统和现代时尚相结合，从中体现的审美空间范围则更为广阔，其中就有吉祥纹饰的参与。

一、传统吉祥图案纹样与现代珠宝首饰设计

《庄子·人间世》有云，“虚室生白，吉祥止止”。这是中国文学史中最早出现“吉祥”二字。先秦时期，从官方至民间，人们生活的方方面面已普遍运用这个寓意。至唐代，重玄学派代表人物成玄英《庄子疏》中说道：“吉者，福善之事；祥者，嘉庆之征”。宋代吴曾《能改斋漫录·记文》：“盖道乡昔寓居阁上，忽于佛前地生五笋，甚可爱……州人传出，咸谓吉祥，以为为道乡发也。”是好运之征兆，意指吉利、顺利、幸运安康。

如今，我国现代珠宝首饰行业以极快的速度发展，在设计过程中，融入吉祥纹饰的文化语意和意境，提炼吉祥纹饰的装饰语言，合理运用到设计活动中，强调中国传统装饰文化和现代审美的联系，是现代珠宝首饰企业注重和愿意做的事情，以此也能提高企业的经

济效益，扩大在行业内的知名度。

（一）中国吉祥图案与现代珠宝首饰设计的内在联系

精美的中国传统符号和图案广泛应用于当代珠宝设计中。设计师将对比、平衡和对称的设计理念融入精美绘画和当代中国美学的形式原则设计中。形成具有传统特色的新颖独特的珠宝并用到其展览空间的设计和建造。

1.传承文化意蕴的重要体现

对美好生活的追求，体现在各种吉祥纹饰之中。形成“图必有意，意必吉祥”“寄物于祥瑞”的特征。这些吉祥纹饰题材丰富，形制多变，蕴含传统哲学、文学的寓意，是将抽象的文化语言符号变成和平面化的一种方式，对于现代珠宝首饰设计来说，有重要的借鉴意义。

珠宝首饰设计包括其展示是传播文化的一种方式和过程。在珠宝首饰设计中运用了传统吉祥纹饰的语言，通过当代激光雕刻、切割、镶嵌和纹理等表现以及构成的形式美法则，提取了传统吉祥纹饰图案的精髓。不仅注重形式之美，而且支持情感概念的发展，创造了意义和表达意义的完全统一，这是珠宝设计传统文化的重要标志。它用实质体现了中华民族对美好生活的向往，以及对世间万物的哲学理解。

2.现代人审美情感的满足

何为“美”？不同历史时期、不同族群、不同地域的人对其理解和定义都不同。美的内涵是指能引起人们美感的客观事物的一种共同的本质属性，但它本身是一种主观感受。从字形理解，羊大为美，这说明，在远古时期，能满足人们物质生活的即为美。随着时间的推移，人们精神需求逐渐增大，在长时间的文化积淀之后，逐渐形成具有鲜明的群体审美理念，讲究以“和”为美，“内敛”为美，以“孝”为美等，这种对美的理解具有统一性，成为整个民族的美学理念，美学理念关系到民族心理、社会认识和社会行为，且延续上千年，具有延续性的文化传承意义和社会功用，这种延续，是游离于本体之外的，是东方美学的代表。

吉祥纹饰发展千年，人们一直热爱这种写意具象的装饰语言，希望看到以符号的形式展现出美好的事物，这种装饰语言一直存在于民间剪纸、泥塑、砖刻、纺织品纹饰、儿童玩具之中，选用大众熟知的故事、传说等作为场景，加入各种符号语言，是一种深厚的情感表达，这种对“美”的理解，深深植根于人类长期发展的意识形态和审美习惯之中。在现代珠宝首饰设计过程中，传统吉祥纹饰的运用方式，是“取其形，延其意”，通过提取、简化、拆分重构，把其中蕴含的文化寓意延续到设计表现中，这也是现代人长期的审美心理需求。

（二）现代珠宝首饰设计、运用中吉祥纹饰的方式

随着珠宝首饰文化的推广和发展，人们对珠宝首饰的装饰语言整体美感有了新的认识，更加注重传统文化元素的融入，这种融合的形式、方法以及模式等，都需要专业的珠宝设计师对传统文化的理解和掌握，将吉祥纹饰考察、分析、了解之后，提取其精髓部分，可以是平面的，也可以是立体的，将之分解重构再运用到设计中去，创造出本民族特有的、具有传统文化语言的作品。

1.吉祥纹饰的直接引用

传统吉祥纹饰中，有很多造型简洁、语意明了，且寓意吉祥美好的单独纹样，这些纹饰的形制和色彩，通过不同的形象和造型来体现积极向上的精神力量。例如“寿”字纹、“福”字纹、双喜纹等文字

符号，直接用其文字语意表达对长寿、幸福、喜庆的祝愿，单体的云气纹、如意纹、金钱纹等，被广泛运用于各个设计领域。例如，中国银行的徽标，就是金钱纹的变体，既表示方孔圆形钱币，也是“中”字的变形。在现代珠宝首饰设计中，传统单独纹样的运用也很常见，流苏，云纹的耳钉，是将唐代云纹中的一部分直接引用，用金属材质表达。这些装饰符号，自身特征既有深厚的文化底蕴，又干净简洁，是传统珠宝首饰的文化遗产和精神财富。

2.对吉祥纹饰做“减法”

现代珠宝首饰的设计实践活动中，融入传统的吉祥纹饰，往往需要对其做“减法”。因为这些传统纹饰图案大多注重装饰性，比如，苗族刺绣，往往体现其意向性思维，如鱼的纹饰，喜欢将鱼鳞演变成一朵花，鱼头上再长枝叶，其上再站一只鸟，鸟身又变成一朵花。这些纹饰繁复精美，体现了浓郁的民族特色。但现代人的审美，更倾向于简洁、明快。因此，在设计过程中，需要将传统吉祥纹饰中的元素，例如动物、植物等形态、图形语言和色彩进行概括和提炼，紧扣语言特征，简化繁复的线条和骨格，使之更加直接明了，以这种简练的形式表现传统的视觉美学，使设计作品增加了传统民族艺术的语言，以及整体的气质表现。

3.吉祥纹饰的解构与重构

吉祥纹饰有千变万化的装饰语言，这种丰富的表现形式，是由不同的民俗风情体现出的。现代珠宝首饰设计活动中，设计师遵循形式美法则，形成自身的设计理念和方法，对于各种形态的吉祥文字符号、几何纹饰、动植物纹、人物纹饰等，将这些纹饰中的元素打散，成为多个小单元，并分析其色彩构成，提炼其表达的文化含义，之后运用现代的平面构成、色彩构成概念对其进行重新架构，把传统纹饰构图法则中的“均衡”“对称”“规则”“演变”等要素结合现代设计美学，将抽象和具象符号有机地组合，使传统吉祥纹饰的形式语言同时具有平面化、意象化、符号化的现代视觉美学意义，从而显现出独有的审美体验，这个过程，就是吉祥纹饰的结构和重构的过程，也是将传统美学和现代美学相融合的过程。

（三）珠宝首饰展示空间中的传统吉祥纹饰

珠宝首饰的最终展示是其设计过程中最后一个环节，也是较为重要的部分，能全面体现设计师的创作灵感、设计意图和设计作品的最终效果。当珠宝首饰系列为浓厚的民俗风格时，也要配合相应的有浓郁传统文化气息的展示空间。传统吉祥纹饰是二维平面形式的视觉表达，在空间中体现其装饰语言时，其维度发生变化，从二维转向立体。其中，包括展位设计、展柜设计、展板、海报设计等。

在设计过程中，将传统吉祥纹饰的形式特征高度概括，将具象的形象抽象化、符号化，且摆脱传统图案纹饰的设计规则，使之更加富有变化，更加厚实和灵动。其表现形式有平面、立体即多维展示方式等。

1.平面展示

平面展示又称“二维展示”，是指在一个平面空间内对产品的视觉展示。中国传统吉祥纹饰本身的二维属性，使得在珠宝首饰展示空间中，平面形式居多。手法多样，例如剪纸、拼贴、手绘、数码喷绘等。平面的展示方式可以提供图像质量，高像素、高清晰度、低成本等优势，在珠宝首饰展示空间设计中被广泛应用。

2.立体展示

三维立体的展示空间，使得吉祥纹饰达到立体化。它是在平面二维展示的基础上进行空间设计方式。通常运用的技术方法有直接开模、精雕机、带有程序控制系统的自动化机床等，使得平面的图形图像能够站立且饱满，获得立体空间的视觉感受，使观众身临其境。其成本造价相对平面二维的展示空间，三维立体要高许多，但是它能使珠宝首饰的展示空间打破二维的束缚，通过上下左右纵深处伸展，使视觉体验更富有层次感，提升整个展示空间的文化氛围。

3.多维展示

除了平面和立体展示空间外，目前珠宝首饰设计展示更多倾向于多维度的展示方式。展示是一种设计行为的传播，其空间既有实体的，也有模拟的。除了运用二维或者三维空间模式外，通常还用到视频媒体、音效、图形图像等多方式结合的传播模式。随着科学技术的发展，许多新技术的加入，使得三维展示空间更加丰富和多元。例如，虚拟现实技术，它能虚拟珠宝首饰的环境和场景，利用计算机生成，使得受众身临其境地感受珠宝首饰佩戴效果，甚至还有听觉、触觉感受，尽管这个是虚拟的空间，对于消费者来说，这个空间是互动的，生动有趣的，珠宝首饰的展示也是充满科技感和活力的。

中国传统文化源远流长，其中的民俗文化是民族的根，传统吉祥纹饰图案包含了千百年来人们意识的高度概括和形象化以及符号化的行为，也是现代珠宝设计师的创作灵感来源。在设计过程中，传统吉祥纹饰结合新的工艺技术和新的材质，使之更加丰富和厚重，并不断创新，适应现代快节奏的时代。与之相匹配的展示空间，同样既要有传统文化的底蕴，也要有现代高科技的结合，使之整体空间得到精神文化方面的提升，体现民族的文化内涵，在市场经济结构中，增添文化气息和民族精神。

二、中国传统文化元素在现代珠宝首饰设计中的应用

珠宝首饰自古以来就在人类生活中发挥着重要作用，它是国家和民族文化的象征，直接反映了人们的精神风貌和民俗民风。中国有着独特的地域文化，文脉传承悠久，以至于珠宝首饰的形态、材质和设计方式及理念都是区别于其他国家的，这是一个文化优势，将其中的元素符号运用得当，才能使我们的民族首饰品牌在国际大环境中立于不败之地。

（一）东方文化色彩对于珠宝首饰设计理念的影响

悠久的文明史也促使了我国珠首饰宝艺术的不断继承、延续和发展。金属、玉器的制作加工都达到高妙的境界。

纵观整个首饰文明发展史，东方文化元素充斥在珠宝首饰设计理念和工艺手法之中。现代珠宝首饰设计师在设计活动中，将这种文化元素提炼出内核部分，再加以重构、合理安排，使有民族特色的设计形态更具有东方美学的文化内涵，并引领各个层次的受众群体审美观念的流行，构建具有东方文化色彩、地域文化特色的珠宝首饰文化。

（二）珠宝首饰造型和装饰语言中的传统文化元素

1.传统文化元素与设计造型

我国现代珠宝首饰设计体系中，传统文化元素在各个方面均有体现，尤其是商业珠宝首饰和艺术首饰两大类中。例如，我国传统的龙凤纹样在珠宝造型设计领域被广泛运用。单独的龙、凤或者龙凤结合的造型，由于受到“龙凤呈祥”寓意的影响，在婚庆首饰或者其他类别的首饰之中非常常见，符合人们传统观念中对“吉祥”“尊贵”的渴望。因此，国内的珠宝首饰品牌，只要体现传统文化元素

的，多数使用龙、凤造型。我国某著名首饰品牌，其产品风格前卫时尚，深受年轻消费群体喜爱。2006年，该品牌推出的一款“紫气东来—凤影”系列首饰，以简约变形的凤图腾为中心元素，通过简化、旋转的变形方式，展现了东方古典美和现代时尚的结合。此系列在当年瑞士巴塞尔时钟、珠宝博览会上深受好评。中国的传统图形，如折扇、花窗、浮雕等造型也时常出现在珠宝首饰设计中，这些来自民间的工艺美术造型与现代时尚相碰撞时，需要设计师去抽离、分解其精髓内涵和风俗习惯，结合自身的理解，充分展现其文化脉络，该设计作品才能更易于被大众所接受。

2.珠宝首饰的设计装饰

珠宝首饰的装饰，不是简单对其表面纹饰、光泽等的修饰，而是对珠宝的结构、材料、加工方式等全方位整体的运用和处理，使各方面都达到平衡统一。我国的珠宝首饰对图像、图形的符号化都有深度的释义。例如，在戒指或者挂坠的纹饰上，花卉纹样多有出现，如牡丹、梅花等，其上往往搭配、点缀鸟的纹饰，牡丹花常常和凤结合，取“凤穿牡丹”之意，梅花经常结合喜鹊，有“喜上眉梢”之意，都是表达美好吉祥的寓意。纹饰在我国的现代珠宝设计中是非常重要的装饰形式，水纹、涡纹、回纹、卷草纹等都高频率出现在首饰设计之中。和一切艺术设计形式一样，在装饰设计时，要充分考虑整体和局部的关系，以免直接照搬传统图案而使整个首饰形态产生不均衡不协调的视觉观感。这不仅需要设计师提高设计水平，而且更需要注重整体文化素养的提升。

（三）传统文化元素在现代珠宝首饰设计中的创新应用

任何文化形态都会随着社会发展而变化，包括各种意识以及人的思维理念、珠宝首饰文化等。珠宝首饰其款式、材质、廓形、佩戴方式和风格特征等，都在不断发生变革，和文化形态一样，向着多元化方向发展，无论如何变化，其中的装饰语言呈现出越来越重的比重。珠宝首饰是一种文化符号，是情感的消费品，这一点区别于普通商品。在设计活动中，设计师要对传统文化有深刻的理解，也要有引领时尚的前瞻性眼光。将珠宝首饰文化的内涵与传统的理念相结合，加强人文关怀，并融汇自身对于文化的深刻理解。

1.传统工艺文化的意义

我国的珠宝首饰设计未来的趋势，一定是植根于民族文化的土壤，才能在残酷的市场竞争中居于不败之地。例如，我国传统“金银错”工艺，也称“错金银”，是古代金属细加工高超的装饰技法之一。最初见于商周青铜器，汉代学者许慎《说文解字》释义：“错，金涂也，从金声。”清代杰出的文字训诂学家段玉裁注释说：“错，俗作涂，又作措，谓以金措其上也。”通俗理解，金银错，即是用金或者银镶嵌纹饰。在首饰上使用“金银错”，即是将黄金或银压成极薄的箔或者丝，镶嵌在首饰表面，形成异常精细的纹饰，其精美程度，可以用“登峰造极”去形容。现代珠宝设计中，镶嵌工艺被广泛运用，如“螺钿”镶嵌、宝石镶嵌等，这些传统繁复的技艺，是历经千年的传承才得以发展和更新。这些技艺，都是传统工艺文化中的丰富养分，滋养着现代设计的土壤。发展传统工艺文化，融合现代时尚元素，使得传统技艺和现代工艺和设计相互促进，共同发展。

2.坚持以人为本的理念

“以人为本”是现代设计领域极其重要的、必须坚持的理念。珠宝首饰和人息息相关，通过不同的佩戴方式体现其价值。那么，一件首饰的舒适度、环保性、安全性和功能性显得尤为重要。

我国的传统文化体系异常庞大，在设计过程中，无法将其所有元素融入其中，对装饰语言的选择是实现首饰设计价值的重要步骤和途径。对于珠宝首饰生产，基本是两类模式，批量生产和个人定制。对传统文化感兴趣的消费者人数在不断增多，个人定制的需求量也在增加，在个人定制时，要根据不同消费者的需求，有选择性地融合传统文化的某一个片段或者元素，避免和其生活习惯、审美观念和价值观念相冲突。例如，消费者需要定制一款有“幸福吉祥”寓意的手镯，但对蝙蝠这种夜行动物有本能地厌恶，那么设计师在设计时，应避免使用“五福临门”“五福捧寿”等纹饰图案，可用龙凤纹样作为手镯的形态或者表面装饰，同样有吉祥之意。同时，还要关注消费对象的性别、年龄、职业等差异，针对不同的消费群体，要选择不同的设计形式。例如，男性大多喜欢刚硬、简洁的线条，而女性多选择柔和、优美的曲线。年轻人更多选择简洁、明快的款式，中老年人看中材质的贵重和其经济价值……

如今首饰的消费群体，已从单纯的高收入家庭过渡至普通的民众之中。因此，在设计和营销过程中，要关注人群受众的差异，注重其不同的消费需求，同时关注人体工学，使珠宝首饰的佩戴更具有人文关怀的成分。珠宝首饰的设计应该是多层次的、多元的，不论是哪种生产方式，面对是怎样的受众，设计师和首饰企业要善于捕捉其变化和区别，保障消费者的个体或者集体的审美需求，舒适安全地佩戴，坚持以人为本，并将其落到实处。

3.重视设计理念的突破

设计理念的转变和突破，对于设计行为来说，很多时候是最关键的节点。主要表现在以下三个方面：

（1）在设计之前，要做充分的调查研究，寻找到设计灵感。对自身要有足够的设计信心和设计思维，不断研究和了解传统文化的民族特征，梳理出文化脉络，提炼精髓部分，此时的灵感很可能是不完整的，结合各种灵感碎片来构建设计的可行性和稳定性，树立子目标。并在全球领域内，深刻地了解整个珠宝设计行业的情况，可以参照其他国家的设计风格，并非照搬照抄，而是在不同地域文化寻找不同的设计感受，形成完整的灵感，并在未来的设计延续中得到成功。

（2）要突破更新现有的设计方式。珠宝首饰的发展方向越来越注重系列化，而非单体设计，还有消费群体的个性要求。设计方式要突破以往的陈旧理念，注重某些特定的造型和装饰表现，以及一些特殊工艺的转变。例如，传统的“点翠”工艺，由于使用活体翠鸟的羽毛加工，制作过程过于残忍，被国家明令禁止，而其装饰性异常绚丽夺目，在现代首饰设计中，有将鹅毛染色后代替翠鸟羽毛进行加工，既不违反法律规定，又传承其工艺技术。

（3）珠宝设计行业，设计师永远是主体。设计师的设计能力和人力资源配置又是其中的重要部分。因此，优秀的设计人才资源显得格外珍贵。我国珠宝设计行业的现状，虽然呈上升趋势，但很多企业的设计人才不足，或者设计水平相对低下，发布的产品和市面上的严重雷同，没有新意，缺乏个性。这样的产品不会得到消费者的认可，也失去了市场份额。因此，对设计师的培养至关重要。我国传统民间工艺，大量技艺可运用到现代珠宝首饰设计领域，历史悠久，经受住时间的考验。如景泰蓝、珐琅、花丝编结、金银错、牙骨雕刻等，其工艺水平历经上千年，处于世界顶峰的位置。例如，牙雕中的“鬼工球”是牙雕中的经典作品，晚清的一个鬼工球，层层镶套，每层都有美轮美奂的镂雕，最多达到43层，均可转动，为世人惊叹。这样的工艺却消失在历史长河中。现代珠宝首饰企业，应鼓励设计师学习传统的民间技艺，并将其融入品牌设计中，突破固有的思维，形成前沿的设计理念，从而打造优秀的珠宝首饰设计人才队伍。

三、汉代哲学符号在现代首饰设计中的应用

汉代文化代表着神秘、广阔、庄严。其中，哲学思想侧重于春秋战国百家争鸣的重要性。对从事艺术和建筑的专业人士特别感兴趣。汉代文化给人一种直观的感觉，色彩对比强烈，极其空灵。即使是最基本的脱模和模型构图，也要经过无数数据检查和无数草图。如果设计师能将其融入当代珠宝设计中，这应该是这是由内而外的文化锻炼。

（一）汉代“五行”观念对首饰设计材质选择的影响

1.“五行”观在现代设计中的应用

阴阳五行观念是我国先秦时期解释宇宙起源和变化的一种学说，汉代盛行天人之学，所谓的阴阳观念实际就是把这对最基本因子之间的相互依存、相互作用和彼此消长的互动看成宇宙自然、生命万物的动力之源。

2.“五行”观在首饰设计中的应用

通过对“五行”观在服饰设计的理念，设计出某款服饰，由微型的琉璃米珠通过珠绣、串连的工艺连缀成大块面的饰片，既是首饰，又融合到整体的服饰中。设计者将剪纸民俗与汉代的韵味结合起来。选择了精美的丝绸和缎子作为面料，然后是人剪图像用纸添加，传达一种空灵的排场感。后来发现，只有简单轻松的织物图案才能反映阴心和阳气的动态系统。它们只是对汉代服饰的模仿和

复制。经过多次修改，最终采用玻璃珠、仿制皮革和欧根纱作为材料。纱线在廓形、空间和质地的变化中形成对比，柔软而坚固的织物将彼此相对而和谐的两者连接起来。选用镂空和珠绣。皮革上的剪纸花卉图案是凹镂空，延伸到透明硬纱中是凸起的珠绣，将服装和手饰融为一体。也符合“道”。阴阳的概念是在运动的变化中产生的，也是一个基本原理。珠宝设计、配饰、图案、工艺等的变化，因为有太多的矛盾，所以它们都是流动的。

例如除了运用在服饰设计中，在首饰设计中也可广泛运用。耳饰设计，材料选用黄金、羊毛线和陶瓷珠子。设计师在构思过程中查阅五行相生的资料，陶土和金均出自自然，陶在火中重生，同时离不开水的参与揉炼，火生土，土又生金，陶与金之间有着千丝万缕矛盾统一的关系，最终选用陶泥和黄金为设计材质，造型上，方形的金属外框和圆形的羊毛编织片以及陶瓷圆珠相互呼应，各自为对方的一部分而非生硬地放在一起，你中有我，我中有你。为男生设计的男士项坠，材质选用黑檀木和黄铜，是金木组合。在图地关系上，黑檀为“面”，黄铜丝为线，两者结合时，线为图，面为地。当整体看这款项饰时，黄铜的色系和黑檀木相近，为土黄偏冷色，两者又混为一体，和背景或者佩戴者的肌肤形成有机的结合，使项坠本身成为一个视觉中心。通过视觉的位移，关系发生变化，这说明，阴阳五行同样是一种动态系统，其所设定的规律和秩序既体现出一种恒常和永固，又体现出一种变化的运动。

因此，在珠宝的制作中，设计师必须了解和平衡对立和统一的比例和数量。这是他在设计过程中必须掌握的规则。它不仅表现出对立的严格关系，而且通过“阴阳五行”，达到和谐与平衡，这也是设计的重要组成部分。

（二）“天圆地方”对首饰设计形态的影响

西汉杨雄《太玄·玄摛》中说道：“圆则杌陧，方为吝啬。”“圆”指天，杌陧为动荡不安。“方”指地，“吝啬”指“收敛”。曾几何时，汉代“天圆地方”的“盖天说”理论经常被引用到设计教师的教学过程中，也有不少设计作品都被冠上“天圆地方”之名，本身就要探究其义，再寻其解，才有可能取其一二运用到设计中去。

汉代哲学思想中，方正不变的“地”和循环往复的“天”是浑然一体的，日月星辰，朝昏夕落总在周而复始，而方与圆、静与动之间也不是一成不变的，在一个极其漫长的时间内，始既是终，终也是始，没有永恒的静止和运动。方与圆，正如天与地，动与静，总是相辅相成，唇齿相依。因此，在首饰设计活动中，设计师可抓住“动”“静”“始”“终”等关键词融入设计中去。

为陶瓷项饰设计，由大小渐变的饰片为元件，如同“覆槃”的“地”之上，覆盖着如“盖笠”的“天”，正如设计中常用到的“图地关系”，“图”为天，“地”还是地。“地”基本为方，“图”为圆的各种变形，象征着日月星辰等天体不断轮转变化运动着，形态、运动轨迹各异。变形的方与圆代表着“天”的“动”与“地”的“静”，相互矛盾而又相互统一。

运用“天圆地方”对设计的影响，某款首饰作品，作为衣袖上的一组装饰，从顶圈的装饰开始，如果是天地大的开始打开，天地之间仍然是相等的。稳定（在圆形装饰中打开圆形，直到方形和圆形分开），逐渐圆形和方形越来越小，小的形成直到它到达中间的“天圆空间”，这时“天若倚盖”，就像一把撑开的伞，悬在大地之上，大地托住了天空，由大地牢牢支撑着。这时“天”和“地”是最确定的位置。而世间万物，就像太极图里的阴阳鱼一样，在不断的变化和运动。“阳极为阴，阴极为阳”。变得很有可能“多余的物质会退去”，从更稳定的状态逐渐缓慢和不稳定，从中间更稳定的“天元地”阶段开始，圆形和方形同时被破坏，方形慢慢转动变成一个圆圈，圆圈逐渐衰减，直到最后回到混沌，回到最开始。

无论设计作品的材质、质地、颜色、做工等如何。然而，好的设计，归根结底，是回归“美”的古老欲望和简单，与自然和谐是功能表达的本质。“天圆”与“地方”在设计活动的过程中相互交织、相辅相成、不断演变。这种设计不仅是一种设计，而且还被赋予了特定的文化线索。

（三）“归一”理念在首饰设计的运用与意义

1.“归一”在现代设计中的应用

在我国古代哲学思想中，“归”是一个永恒的主题。从古至今，我国文学的作者们都梦想着“回到田园”，回到“生命的本源”，也就是事物的一般状态和本源状态。现代生活忙碌嘈杂，生活节奏的加快使人们觉得身心疲劳为体现心灵回归自然，在珠宝设计中，对于设计师来说，是现代艺术创造力最高可以追随的空间，是个人作品力求一种“统一”的状态，生命的本源，童年的状态。

2.“归一”理念在首饰设计中的应用

各种陶瓷和丝绸结合的面料应用在首饰设计中。其中，脖子和腰部的装饰是用各种黏土做的，这些黏土被径向排列和挤压，称为扭曲。由于土壤中水分和空气的分布不均匀，泥片呈现出不规则的水状卷曲。虽然自然干燥，但在重力和温度变化的影响下，它有时会在某些地方弯曲和开裂。陶瓷源于大地，在水与火的交融中升华。从世界的自然状态到有意义的人工状态，在创造一种状态时，有一些出乎意料的形式。土、风、雨、水、火孕育万物，形成陶瓷的基础。

正如当代艺术经常模仿和采用原始祖传绘画或儿童绘画中的许多元素一样，当代建筑遵循过去趋势的本质和有意义的元素。同时，黏土具有很强的可塑性，可以通过揉、挤压、卷边、锤击等方法得到所需的形状。由于它的不可预测性，它在接触水、在空气中干燥和灭火时，自然会发生许多变化和意外。

在珠宝制作项目中，很多时候，当设计师有意识地尝试模仿自然时，自然会给有意识的珠宝制作项目带来意想不到的效果。而这些变化最初是土地与水、土地与空气之间相互作用的自然变化的结果。

在贴片的造型过程中，非常保留了扭曲和裂纹的自然特性，结合纯丝的白色面料。剪裁尽可能简单、柔软、垂坠。丝绸面料的特点易于保持，造型简洁、时尚，但它包含了“万物一体”概念的元素。一旦设计经过仔细和错综复杂的设计，最终会变得清晰，通过使用对象本身的性质，而不是做这种超出其性质的故意扭曲，它可以更好地反映复杂艺术中的个性。并将其还原为最简单最原始的状态。“回归自然，回到美好的田园，回到最初”“从你所在的地方到你所到的地方”。

第二节　中国现代珠宝首饰的市场前景和艺术突破

一、“中国风”带来良好的市场前景

（一）中国传统纹饰文化的应用

随着个性化需求的扩大，以满足人们的需求，珠宝设计正在慢

慢回归传统，从文化中寻求创意灵感，比如感性的珠宝传统和浓郁的文化气息越来越受欢迎。传统中式风格的珠宝设计似乎是一种不可避免的趋势。作为中国传统文化的重要组成部分，中国优秀的传统建筑不仅是中国文化和工艺的完美融合，更重要的是，它们反映了人类追求美好生活的强烈愿望。因此，很多人在当代艺术设计中使用了最好的传统形式。在东西方文化交融的今天，当代珠宝设计需要有独特的艺术魅力来表达自己的风格。

（二）“中国风”首饰市场前景

我国拥有丰富的文化底蕴，为珠宝首饰提供了优良的材料。

我国珠宝行业，在设计和创新方面还有很多不足，整体素质有待提高。珠宝营销尚处于起步阶段，产品相似性相对较大。随着生活方式和文化价值观的增长，人们的欣赏能力也越来越强，很多人对美的标准和需求越来越高。中式首饰在市场需求的带动下，仍然具有良好的营销前景。很多人更喜欢中式首饰。为了表达自己的独特品味，很多人开始追求个人珠宝定制，这也为打造中国珠宝风格提供了一个新的创意平台。人们投身于中国文化，在中国元素中寻找创作灵感。

设计带有“中国风”元素的珠宝首饰，是传承中国文化的一种方式，也是传播中国文化的有力工具。通过中国风珠宝，很多人认识中国、了解中国文化、学习中国文化。

二、中国珠宝首饰设计艺术突破

珠宝首饰属于服装的范畴，历经人类社会几千年的发展，形成极为厚重的首饰文化。在漫长的古代史中，贵重材质的珠宝首饰是皇室、贵族和士大夫阶层的专属品，代表其身份和地位。随着时代的发展，珠宝首饰已然走进千家万户，是当代的人们审美意识的反映，也是对物质、精神的更高追求。

在我国产业体系中，珠宝首饰已成为其中重要的一个组成部分。企业遍布全国各地，人员众多。从2007年至2019年的12年间，其销售额每年以15%左右的增长速度递增。

三、中国珠宝首饰设计多元化的具体表现

如今，随着社会经济的发展，珠宝首饰企业在磕磕绊绊中，努力由“简单制造型”转至“设计创新型”。珠宝首饰的设计，是复合型的行为方式，结合文化、科技以及装饰的产物，还有商业价值和经济价值。渐渐成为现代人生活中的精神需求，甚至是不可或缺的。对于消费者而言，具有时尚和个性的多元化的设计作品才符合他们的审美眼光。其中，就包括款式廓形、材质选择、纹饰形态以及工艺技法等等，再结合文化元素，结合民族情感，才是满足消费者心理需求的经典作品。

（一）中国传统文化在珠宝首饰设计中的融入

在珠宝的奢侈品世界中，虽然都是贵金属和宝石为主体，各国设计却有着不同的流行风格。有的风格张扬，有的神采内敛，不同国家拥有各异的人文特点，由此也就产生了迥异的珠宝设计理念。某著名媒体人说过：“产品要达到竞争的目的，就一定要在进入顾客的耳目之前放入不同凡俗的文化理念。”产品只有被赋予了深厚的文化底蕴，才能在品牌众多的市场竞争中脱颖而出。

不同的国家有不同类型的流行风格，有的奢华，有的温润，这是

由不同的文化特色决定的，从而产生各不相同的珠宝设计理念。

珠宝设计是一种独特的语言形式，受文化空间的制约，具有明确的功能方向，以材料为母体与空间安排的结合为语言的补充和延伸，属于服务人类精神需求的形式语言。同时受时效性、空间、文化的限定。多元的文化形态是现代珠宝首饰设计的灵魂和中心，体现某一个时期的流行趋势。珠宝首饰从彰显尊贵的地位象征，逐渐成为其受众的品位和审美水平。例如广州的一家首饰品牌，2016年推出某款黄金首饰系列，设计灵感来自中国传统“孝”文化。其中的一款吊坠，以纯度为100%的黄金为材质，形态体现了母亲哺乳婴儿的变形，圆形外廓，人物并无具体形象，但从中能看出相拥的一大一小母子，用抽象的手法勾勒出中国女性温柔博大的母性光辉。中国传统文化元素数不胜数，如钱币、图腾纹饰、文字符号、音乐、哲学……其中的精髓部分，都能为设计师提供无限的遐想和灵感，对现代珠宝首饰设计提供创新的启示。

（二）珠宝首饰设计中体现的互动性

德国某现代艺术家说过：“人人都是艺术家”。这说明，不同年龄、不同阶层、不同地域、不同文化的人有着自身的审美理解，因而形成对珠宝首饰不同的喜好，这要求现代珠宝首饰设计时要把消费者放在首位，将自己时时放在消费者的位置思考问题，不仅是个人设计理念的表达，而且更要和消费者进行心理和审美的互动，展现不同消费群体喜爱的风格特征。设计师还要从群体的品位和佩戴习惯入手考虑，以获得群体和个体的认可。这要求设计师除了研究设计学、艺术学、人体工学之外，还要学习不同的地域文化、民俗文化以及心理学等，将设计师自身和大众以及个体的审美需求多元结合，体现人性化和个性化的和谐统一，体现了人与人之间的互动性。

（三）珠宝设计中的情感表现

情感的表现，历来都是不同文化形态专用的永恒灵魂，比如诗歌、音乐、绘画、戏剧等，如果其中没有情感的加入，则文化不能成为文化，成为虚无的空壳。对于珠宝首饰而言，设计中的情感是体现其价值的重要因素。情感和文化是紧密相连的，某著名首饰设计师说："设计师要学会讲故事，设计本身就是在诉说一个故事，这个故事首先打动自己，然后才能打动别人，只有触动人们心灵的作品，才是一件优秀的作品，这样才能使作品的材料所蕴含的文化内涵发挥到极致完美。"这就要求珠宝首饰设计师必须理解自身作品的文化内涵，分析其文化特质，才能将自身的情感融入其中，和消费者达到共鸣。很多时候，一件充满情感的设计作品，能给人带来心理的慰藉以及梦想的寄托。

（四）珠宝首饰设计中时代气息的体现

某个历史时期的社会环境和人文精神，都会直接影响珠宝首饰的形制特征。不同时期不同地域的形态之下，珠宝首饰的内涵语言也各不相同，或者同一种形式也会发生转化。人们对于一段历史总会有共同的记忆和情感表达，那么对于珠宝首饰设计中的历史符号也会随之产生，阐释了一个历史片段的人文精神和时代特征以及文化符号语言。当下的最具时尚美感的珠宝首饰设计，仍然是传统文化元素的融合，以及与现代文明的碰撞和多个文化形式的矛盾统一。

中华文明历史悠久，博大精深，其文化语言是世界上绝大多数国家都无法企及的。然而，中国现代珠宝首饰品牌多数不稳定，呈现出"碎片化"的现状。在此大环境之下，国内珠宝首饰企业唯有立足本国文化，培养优秀的设计师队伍，发挥民族性和区域性的文化优势，才能开发具有自身特色，无可替代性的首饰产品，在纷繁复杂的国际经济大环境中，占有独具特色的一席之地。

四、民族文化对珠宝设计的意义

我国珠宝行业发展迅速，珠宝设计作为珠宝产销之间的重要环节备受关注。设计是整个珠宝行业需求的驱动力，珠宝制造必须适应市场需求。中国珠宝首饰行业必须追根溯源，以民族文化为源头，才能孕育生命的精神和韵律，正确引导珠宝首饰市场的发展趋势和方向。

（一）继承传统，创造独特神韵

我国历史文化悠久，幅员辽阔，民族特色多样，积淀了伟大而丰富的历史文化，成为东方文化的基石和代表。同时，我国是全球珠宝文化的发祥地之一。在四大朝代之前，我们就拥有了别具一格的珠宝文化。中国珠宝要走向国际，必须植根于中国文化，运用现代技术和工艺，加强现代建筑语言体现传统文化的价值。珠宝设计植根于国家的文化土壤，产品设计需要创意。风格创新是一种不可忽视的力量。从简单的借鉴，到深厚的民族文化和丰富多彩的异国传统有机融合，我国的珠宝设计也需要经过一个培育和孵化的过程。

（二）面向市场，提高艺术水准

珠宝首饰的选择更注重个性化和装饰性，随着人们生活方式、审美水平的提高而变得时尚流行。这也对珠宝设计提出了越来越高的要求，自主创新和珠宝设计原创性成为更加突出的挑战，亟待解决。我国设计师在文化艺术和基本技能培训方面接受过优秀的教育。珠宝首饰虽然不是高科技产业，但却是具有浓厚文化艺术特色的产业。然而，中国珠宝制造一直未能打造出有影响力的品牌，主要问题是未能跟上人们不断变化的需求和市场发展的步伐。历史实践表明，只有不断发现这个行业的缺陷和不足，才能创造出具有竞争力的品牌。因此，珠宝设计应以当前的问题和市场状况为导向，有针对性地总结出一套科学的设计原则和方法，新的设计理念和指导方针，提高设计技能的创新状态。

总之，要刻画中国珠宝设计特色，需要在继承我国优秀传统的基础上大胆创新；串珠珠宝作品中运用了许多中华民族独有的文化元素，体现了国家特色和发展。同时我们要针对市场需求，努力提高珠宝设计的艺术水平，满足世界设计发展方向的需求。

第五章　现代珠宝首饰的设计行为与方式

第一节　珠宝首饰设计准备与实践

设计技能是珠宝商在设计过程中展示的一般综合技能。在这个过程中，珠宝设计、工作流程规划、深度加工、反馈管理和市场跟踪所涉及的所有问题，都和制造商的能力是分不开的。

一、设计能力的准备和培养

（一）创造能力的培养

设计离不开创意，但创意需要主动性和能力技巧，必须通过科学的方法培养和提炼。珠宝设计是现代工艺与科技进步相结合的传统时尚媒介，是对珍贵工艺和技术的跨学科研究。它是一种从物质到精神，从象征到非物质的运动。在所有成功的珠宝制造商中，都具有深厚的文化意义。无论是简单的形式还是创造能力的培养，设计理念都展现在空间的每个角落，传达设计的感染力。

所谓的“创新”是通过某些特殊的方法制造或者生产原先并不存在的事物，它可以是具体的物体，也可以是某种思维方式，是抽象的、概念性的。这种行为是具有人的主观能动性的，是以人的观念为导向主动参与，并积极应对的行为，它包含了对世界万物的探究、发现和改造。创新是提出新的理念、构建新的体系的过程，在人类发展历史上起到促进和主导的作用。

珠宝首饰的创意主要是通过新的工具、技术或理念进行重构和改造，重点关注珠宝产品的原始形式、功能、文化和特征，包括款式的改变、材质的变化、工艺的进步、人体工学的改良等。

珠宝首饰设计师的创新能力是一个品牌得以健康发展的重要因素。

1.知识领域的专业性和丰富性。第一，一个合格的设计师，要有丰富的专业理论储备，还要对珠宝首饰设计和工艺有深度和广度的理解，并善于学习，勤于实践，在实践过程中发现解决问题的方法。第二，要认清自身知识体系的掌握程度，多方构建，多方思考，扩宽眼界，提高设计能力，增强自身文化素养，总结实践过程中的得失，从而建立鉴赏理念。

2.对市场风向的精确把握。一个合格的设计师，要时刻更新市场风向，把握其发展的动态，从中分析出流行趋势以及新生的工艺技术和最流行的材质。

3.创新思维的培养。一个合格且优秀的设计师，在设计过程中，要具有“善变”的思维方式，要有开放性、发散性的思考状态，并不断打破固有理念，探究溯源设计主体的灵感。

对于以上能力的培养，珠宝首饰设计师首先要做的，是在设计活动中“向儿童学习”，充满好奇心，对事物有独特的视角，能开发丰富的联想，创造性地思考问题。其次，设计师要具备灵活性和独创性，善于探索和改变，具有较高的独立创造能力。最后，设计师要有对事物准确的鉴赏能力和借鉴能力。珠宝首饰界有很多成功的商业案例，以及优秀的同行作品，设计师要做到“多看”“多听”“多想”来提高自身的设计水平，开阔视野，做到融会贯通和积极创新。

（二）设计能力的培养

珠宝设计技能比创意技能更具体，尤其是在教学和培养设计技能方面。设计步骤由设计过程定义，设计的艺术就是有效地完成这些步骤的工作。它是建设一条设计良好、基础牢固道路的必要组成部分。从线条开始，基本的宝石技术，熟悉珠宝技术和提炼珠宝性能。设计表现要求有流畅、均匀的线条、清晰明了的结构、厚重得体的体感和明确到位的质感。在首饰设计时，整体效果的把握、风格的统一、表现手法的纯熟、设计作品的完善，都体现了设计能力的重要。好的设计师会运用合理的方式将自己的思维表现出来，甚至在表现的过程中还要做到超越自己的思想。

（三）文化艺术素养的提高

每一个优秀的珠宝首饰设计师，除了钻研完善自身的设计能力之外，更要注重文化艺术素养的提升，这是设计师必备的综合素质和能力，需要自身长期的学习和积累，更是基于对文化的热衷和兴趣，无法一蹴而就。对于设计师而言，这是长期的设计实践活动，犹如一块海绵，吸收各个领域各个行业的知识信息，经过鉴别和吸收，融汇到自己逐渐完善的知识体系中。在信息爆炸时代，更需要具备鉴别能力，这取决于自身整体文化和素养。

现代珠宝首饰设计更倾向于将个性、社会共性、民族性融入其中，这为设计活动增加了一定的难度，也就更需要设计师多方位、多点、多元地进行综合性的学习。创意的思维方式广泛的文化积累和对各种史料重新诠释的结果。珠宝首饰形态既需要符合现代人的审美，也要符合民族习惯、伦理道德等。因此，文化艺术素养不仅仅是对知识的表面理解，而是能确定其高度和广度的重要工具。

二、珠宝首饰的制作工艺特征

（一）珠宝首饰加工制作

珠宝设计既是艺术又是技术，与鉴定和加工一样，珠宝设计与珠宝加工息息相关。一个不懂设计的艺术家最多只能达到一个普通工人的加工水平，一个不懂加工的设计师根本算不上一个好的珠宝设计师。尽管珠宝设计与加工制作密不可分，但珠宝设计师在教学中始终强调珠宝的加工制作方面，并且设计是定制的。只有懂得设计和制作珠宝的人才是真正的珠宝专业人士。

首饰制作工艺可分为手工首饰、机械加工、装饰铸造工艺、表面处理等。手工饰品重在功能，单件饰品本质上不是制造出来的，一件饰品的创作要经过很多道工序才能完成。从样品制备到宝石放置，大部分制造过程仍然是手工完成的。珠宝制造涉及锤击、锯切、钻孔、焊接、镶嵌和抛光等，工业化的手工生产需要使用手工工具的劳动力是机器的5~10倍。

机械珠加工主要是指加工机械链条和液压元件的技术，以及制造其他专用部件和珠表面的技术。链子的制作过程类似于纺线和织布，先纺金线，然后用加工后的线纺链子，链子经过各种处理，最后呈现出成品。

珠铸工艺是在传统失蜡铸造和精炼的基础上进行的，失蜡铸造在古代中国和希腊已有2000年的历史，16世纪佛罗伦萨金匠逐渐完成了这一工艺。一般来说，珠宝铸造包括以下四个主要步骤：贴膜、蜡膜、石膏成型和铸造。

表面处理是珠宝制作的重要组成部分。根据加工工艺的不同，分为中间表面处理和最终表面处理。表面处理的目的是创造清晰、优良、光亮和独特的表面效果，常用的处理方法包括化学试剂改性、电化学改性和机器加工。涉及的材料厚度一般不超过10毫米。

（二）珠宝首饰的镶嵌工艺

镶嵌是指一个更广泛的概念。除了宝石镶嵌外，还有金属镶嵌（不同金属之间的镶嵌）和非金属镶嵌。无论是金属植入物、非金属植入物还是宝石植入物，人们通常会在文化意义之前强调其装饰效果。当然，也有其他情况，更注重文化意义。例如代表十二个月的生辰石以及人们赋予不同宝石的象征意义：钻石代表永恒的爱情，中国传统玉石“君子以玉比德”等。综上所述，镶嵌珠宝的设计需要兼顾装饰美感和功能所承载的文化内涵；无论是在设计还是珠宝制造中采用金属和非金属电镀技术，不同的金属或材料是不同的，需要特别考虑到。由于颜色和纹理的多样性，它显示出装饰效果。

在金属和宝石之间紧密结合的最常见镶嵌方法是爪镶、包边镶、槽镶、钉镶和组镶。这种称为爪镶的方法是在嘴部周围开一个开口，以便光线可以从四面八方进入，从而产生更透明的宝石反射，并在视觉上增加宝石的尺寸。较大的刻面宝石通常采用这种镶嵌方式。这种镶法是最古老也是最常用的镶嵌方式，镶爪有二爪、三爪、四爪或六爪的装法。爪镶是放置透明宝石的理想选择，长金属爪用于更紧密地固定宝石，主要优点是金属容易密封宝石，让宝石的美感在任何角度都清晰可见，使宝石显得更大更亮。

镶边通常是一个小金属框架或环焊接到金属底座上，起到珠子的作用，珠子放在下面，底座表面弯曲并压在珠子上。包边设置紧密，适合难以抓握的凸圆形宝石，包括全包边和半包边设置，但包边设置必须确保宝石的形状与设置完全匹配，凸圆形的包边设置非常适合刻面宝石。

通道设置，也称为“轨道设置”，是设置直边方形石材接头的理想选择。珍珠一个接一个地相遇，彼此之间看不到金属，而另一边则由凹槽支撑，因为珍珠大小和颜色相同，并被编织成线或几根串在一起，然后形成凹槽的饰物在商品首饰中很受欢迎。轨道镶嵌物会阻止看到镶嵌物，这就是为什么以宝石为基础的珠宝通常看起来更漂亮。

美甲镶嵌，就是用刻刀在镶嵌口周围选择爪形钉，这种传统的镶嵌工艺在宝石周围增加了一个可见的表面，使宝石看起来非常耀眼，特别是在镶嵌中非常好打碎钻石，可以看到钻石不成金，白皙的手感很好，钻石之间的对比更加闪耀，给人一种高贵舒适的感觉。分为双螺柱设置，有四个手柄和摊铺位置。

现代珠宝首饰设计是一种较为特殊的艺术形式，它的发展，离不开科技的进步和人类思维的转变，是既古老又前沿的设计门类；在设计表现上，可采用手绘和计算机软件相结合，是珠宝首饰设计领域中通用的表象形式。

三、珠宝首饰设计的表现技法和工具

珠宝首饰的表现技法是表现设计师想法的一种技能，通过特点的技法表现，在纸张、电脑、展板或其他材质的媒介之上表达设计方案的行为方式，其详细的绘制过程和完整的画面表现是制作珠宝首饰成品的必要条件。当消费者遇到心仪的珠宝首饰时，设计表现能为消费者提供详实的产品数据和直观的视觉感受，以保证其消费心理。产品的完整表现形式，是要有效果图、佩戴图以及详实的产品数据，还有简洁明了的设计说明等等。

珠宝首饰设计从严格意义上说，属于产品设计，即工业设计领域。因此，在绘制设计图时，应严格按照工业产品设计的制图要求。然而，珠宝首饰本身具有艺术和文化特性，具有审美特性，因此绘制时，要沿袭设计“形式美法则”，要做到既准确明了，也要形制优美，具有较强的视觉冲击力。

（一）珠宝首饰设计图纸幅规格和特征

297毫米×420毫米或210毫米×297毫米幅面尺寸的纸张，是设计领域绘制设计图时的通用尺寸，对于珠宝首饰设计也不例外。绘制时，根据需要可竖可横。一般右下方设文字框，书写设计说明之用，包括首饰主题、灵感来源、材质、价位、受众、佩戴场合以及设计师姓名等等。由于珠宝首饰在整体服饰体系中形态小，因此绘制设计图时，时常运用细线绘制，如0.3或者0.5自动铅笔，比例为1:1。绘制时要求清晰表达产品结构和细节，画面干净整洁。

1.珠宝首饰的廓形尺寸标注

廓形尺寸标注以毫米为单位，要求标注精确，严格遵照国家标准的规制。珠宝首饰造型多样，很多部位有无规则的切面和曲线，此时仅将其整体长、宽、厚度标识出即可。其中应注意的问题有：

（1）由于绘图方式不同，往往会出现首饰真实大小体现并不精确的现象，此时应按照设计图中标注的尺寸为准。

（2）廓形标注属于单次标注，不需重复。

（3）设计图中的尺寸是最终产品尺寸，属于“净样图尺寸”。

2.珠宝首饰细节和据图的街头表现

珠宝首饰往往构造并不简单，细节和局部较多，此时需要做局部的剖面图或者爆炸图，以表现其细节的具体情况和尺寸大小。

3.珠宝首饰的质量和配件标注

珠宝首饰的质量通俗而言即它的重量，与其他工业产品的质量要求有很大的区别。例如，一款台灯，它的质量可由设计师或生产厂家决定，但是珠宝首饰原材料特殊，极大部分为贵重金属和宝石，因此在设计过程中，有材质成本的限制，即它的重量要控制在一定数值之内。珠宝首饰领域的质量表示往往用“克”或“克拉”。对于其配件的标注，应清晰标明其材质、尺寸、色彩表现和数量等，可用下划引线标注，也可在设计说明中用文字表述。

4.珠宝首饰的设计说明

珠宝首饰设计说明是文字性的，是对这款设计的总结和补充，其中包括：

（1）主题

设计主题即首饰单体或系列的名称，要求能体现其产品的特性，具有朗朗上口的特点和文化内涵。

（2）灵感来源

写明此设计的设计源头，来源自然界的物象或者社会现象，以及某种动物、植物、人物或者某民俗体系等。

（3）文化内涵

珠宝首饰的文化内涵是表现其价值的重点，体现了设计中的思想深度、广度以及设计师的综合素质等，是表现其寓意的文字性语言。

（4）制作工艺和材质说明

以文字说明此款首饰运用了哪些工艺技法，如果有特殊技法，则要专门地详细说明。此外，对其材质也要做文字介绍，体现设计的完整性。

（二）绘制设计图所用的工具

绘制工具的合适与否，直接影响着设计图的最终效果。其工具分为纸张、笔、绘图尺等等，无论是传统还是有科技含量的新型工具，都是决定设计图质量的重要因素。

1.纸

297毫米×420毫米或210毫米×297毫米复印纸，大多为白色，纸张较薄，适用于设计草图和产品主视图、侧视图、俯视图的绘制。

素描纸、水彩纸，以白色为主，其他有灰色、黑色、彩色等。适用于广告色、彩铅、马克笔、水彩颜料等手绘。

皮纹纸，也叫皮卡纸、色卡等，上有粗糙肌理，磅数较高，可用于水粉厚画法以及黑白表现。

2.笔

起稿阶段，用木质或自动铅笔勾勒，笔芯偏软，用软度为2级黑度，绘制时有一定的吸附力，且便于橡皮擦拭。

成稿阶段，最后修饰时，一般用笔芯较硬的铅笔，基本在硬度为4级之间，也不易被磨损，适合绘制细小的细节如碎钻等。

勾线阶段：可用较细的针管笔，出水流畅，绘制时刻表现疏密和轻重。

上色阶段，可选用小红毛、叶筋笔等笔头较细的毛笔，以及彩铅、马克笔等，上色细腻灵动。

3.尺

普通直尺、三角板，用于绘制三视图以及标注的引线。

模板，分圆形、椭圆普通模板和首饰设计专用模板，其区别就是，专用模板除了有各种大小规格的圆形、椭圆形之外，还有各种首饰形态以及宝石不同的切割形态，缺点是，模板对于手绘来说，缺乏了灵动性和变化。

4.其他绘图工具

笔芯研磨器、蜡笔切削器、胶布、橡皮擦、擦子挡尺、调色盘、圆规、美工刀等。

四、珠宝首饰设计的推广

严格意义上来说，珠宝首饰属于产品设计的范畴，它的市场化和商业推广符合产品推广的规律。对于珠宝首饰设计师来说，产品如何开发以及项目发展的管理是重点，其中需要团结高效的团队。对于企业来说，产品的定位准确与否，意味着市场竞争力的强弱。其中，产品开发的流程以及管理模式都是其必要的条件。

一个积极向上健康的设计团队，才能有好的设计产品。一件新产品的研发都经过多道工序和多人协作，从设计师开始，到设计主管、设计总监，再到生产部门、营销团队等，都参与其中，分工明确，协作合理，才能确保设计产品顺利流向市场。

无论是客户的订单加工，还是珠宝首饰新产品的开发，首先要做的，就是明确设计理念。这个理念，包括产品的价位、受众、合适的工艺等，很大程度上是由市场需求决定的。其次，要对这个理念进行详尽的分析，出分析报告，以确定其价值和市场定位，拟定开发的时间、周期，确定设计团队，并预测市场走向等。再次，还要归总资料，制订详细的方案，交付设计团队后，可开展设计图和结构图的绘制，并出工艺方案。如果是新型的有特殊含义的创意首饰，还要说明其文化内涵和寓意，然后将较为完整的设计图送审。待到方案通过之后，设计团队需要对其进行完善和修整，在结构、细节和具体技艺方面再进行讨论研究，最终确定设计方案。最后，生产部门便可按照翔实的设计图进行生产样品，最终可形成不同规模的量化生产。走向市场时，则需要产品包装和各种营销方式的介入，其中，就包括文化营销。

一个完整的珠宝首饰的设计过程，从头脑风暴开始，截至提出具体理念，再到资料的整合，后至确定方案，然后完善设计，再到完成样品，最后到产品评价和再次完善，并非一个直线型完全顺利的流程，其中的某些步骤很可能是循环往复，多次重复的。每一项进程和环节都需要文字或图示说明。其中的变数非常多，包括设计表现的形式不同、侧重点不同、分析方法不同甚至表述的水平不同，都会导致不同的结果。

在设计构思阶段，草图往往被用来表达设计师的想法。在对设计方案进行重新思考、审查和定稿后，需要绘制结构图、着色效果图以及详细的数据标注等。可借助计算机软件进行绘制，这也是目前多数珠宝首饰企业运用的绘图方法。

第二节　珠宝首饰设计主题与素材选择

珠宝首饰设计过程中，包括前期阶段、设计灵感以及设计素材的选择等，设计是设计师发挥想象力的过程。属于一种思维方式，且具有天马行空的广度，甚至是一个从无到有的过程，且十分复杂，既有形象思维的作用，同时又有抽象的逻辑思维的参与，两者之间交替活动。

一、珠宝首饰设计的前期阶段

（一）珠宝首饰设计构思

设计构思可以说是珠宝首饰设计前期阶段中的第一步，是一个思维发散的过程，包括设计物的主题、材质、用色、廓形、结构、文化寓意和消费理念等，这个过程一开始是无序的、碎片化的，随着设计过程的深入而慢慢有序和完整。其中，经历了思维的萌发阶段、斟酌阶段和最终成型阶段。

1.设计构思的萌发

设计构思的初期萌发，是较为混乱的时期，也是碎片化的时期。其间，各种想法以无序的状态形成头脑风暴，相互碰撞，相互否定，并无规律。在持续一段时间后，设计师可从中理出一个中心目标，这个目标会渐渐清晰，能指引后来的设计方向。

2.设计构思的斟酌阶段

斟酌阶段是将设计师意识中出现的创意具体化过程，会渐渐完整和完善。通常，设计思想总是以概念中的一个基本理念或形象为基础，并发展出一系列可以深化的基本形态，可以改进以往最初的设计方案的特征和目标。在这个阶段，材料、形状、色彩特征等设计元素会更多地出现，相互碰撞和对立的想法会随着进一步的研究和甄选而变得越来越清晰。

3.设计构思的最终成型阶段

通过想象和理念的冲突碰撞，设计构思往往会变得更清晰、更完整。但在这种情况下，创意思维的全过程并没有完成，设计师只有仔细分析所有的设计节点，把设计思维浓缩成一种具象或抽象的设计形式，才能最终确定整个设计思维的过程。以一个某高校艺术设计专业学生做的课堂阶段性作业为例，分析珠首饰宝设计的具体过程。

设计者在吃饭时，看到杯子里的碳酸饮料一直在冒着泡泡，气泡自下而上直线运动，大小错落，似乎有着灵动的生命。这给设计者带来设计灵感。于是，设计者选用金属和珍珠作为材质，用卷曲的形态表示生命的萌动，形态神似植物在萌芽，就有了成套系列首饰中的第一件单品手镯的设计构思。

此外加上珍珠材质，设计元素不变，形态上拉长，成为项饰，或者材质和设计元素不变，廓形发生变化，成为一件胸针，将珍珠元素的排序发生变化，有了“孕育生命”的主题。抑或加入音乐元素，使首饰有跳跃感。搭扣的设计也是很有讲究的，设计得好，此款成套系列设计图就能为其首饰起到锦上添花的效果。

在如今个性张扬的时代，循规蹈矩的首饰不再是人们最为关注的，设计者无意中在杂志上看到时尚的臂饰设计又带来新的灵感。经过反复探索，最后决定用最初引发灵感的元素金丝镶嵌珍珠，确定设计图，作品基本完成。考虑到佩戴的舒适性和实用性，干脆就设计成手镯。流畅而优雅的黄金沿着手腕的曲线顺势缠绕，如花般自由绽放，再点缀一些小金珠，简直就是含苞欲放的花朵了。

珠宝首饰的设计构思是一个过程完整的思维流程，其中的各个环节必须结合紧密，环环相扣。在这个过程中，如果有一个环节思虑，不够到位，则有可能出现倒退和重复，设计的最终目的很可能无法达成。在整个设计思维过程中，从选择主题到元素的挑选，从确立风格和结构到表达各种造型，从阶段性的创作到工艺技术的选择等等，要形成一个整体，缺一不可。

（二）设计构思方法

设计构思没有固定的思维模式，也不限定方式，它和设计元素、风格、文化内涵等息息相关。它的灵感来源并不固定，是发散性和多元化的，其轨迹是跳跃式的，中间的点很多，但仔细归纳和研究，设计构思有其方法可循。

1.设计主题的确立

设计构思中的第一个目标，就是设计主题的确立。它是发散性思维的初始阶段和中心点，从这个中心出发，周围充斥了各种各样的想象和跳跃的思维碎片。

2.从有限的材料或制造过程开始的设计构思

从材料和工艺中汲取灵感几乎是对珠宝制作的自然反应。考虑到珠子本身的独特美感以及在其加工过程中可能不慎出现的其他因素，也应将其纳入珠饰类……这种源源不断的灵感，丰富和提升了设计。

3.基于情感和思维模式的设计构思

珠宝设计理念有时会受到事实、偶然性、直觉和想象力的影响。这类事物在心理活动中的作用是神奇而生动的，而这种突如其来的灵感，不仅取决于以上，还取决于个人的经验、能力、情感。

（三）设计意象中的文化符号

所谓意象，是在主观意识中，被选择而有秩序地组织起来的客观现象。在我国传统美学概念中，属于其核心要素，“书不尽言，言不尽意……圣人立象以尽意”。明代思想家王夫之《姜斋诗话》中提到：“无论诗歌与长行文学，俱以意为主……烟云泉石，花鸟苔林，金铺锦帐，寓意则灵……”意向性的思维存在于每一种文化体系之中。这种意向指代有美术符号，有的是传统文化形态、价值观、群体审美、民俗方式等象征，是前人留下的文化遗产中的一部分，有的也代表现代文化的表现形式，指代有时尚前沿的流行趋势。

色彩、空间、廓形、结构、韵律等设计中的种种规则元素，在珠宝首饰设计过程中，被人为赋予情感意象，这些元素的参与，使得人类的情感在设计作品中充分被展现出来，而富有感情和文化特质的设计作品，能引起佩戴者的共鸣，从而加深了其互动性，使人和物之间有了感性的交流。

二、珠宝首饰设计的灵感来源

自然和人类生活本身的丰富性和完整性为设计师提供了无穷无尽的灵感。也许它是看得见，摸得着，可以是一种记忆、一种味道、一段时间、一份亲情可以是感性的，也可以是理性的。

（一）源自自然物象的灵感

自然界的客观物象给人以丰厚的物质资料，同时也给人带来无限美的体验。大到宇宙天体、星辰大海、风火雷电，小到一棵树、一朵花、一只唱歌的鸟，一只奔跑的猎豹，甚至海滩上的一粒沙、光线中舞动的微尘、显微镜下的一个细胞等。从宏观到微观，自然给予的一切都在不断变化和运行着，其色彩、肌理、形态给予珠宝首饰设计师无限的想象空间，无尽的灵感源泉。

大自然用无数形式充满了类似的形式感，其色彩、肌理、构造、触感、材质，等等，都会给人不同的视觉体验和精神体验。这些元素被人为圈入同一个想象空间，处在思维的共生状态。当这些自然物象被赋予意向性的思维方式时，一切都变得合理和美好，这种对物象的美化过程，即是珠宝首饰设计的起点和要件。

感知自然物象的“形”，是因为它在特定的历史时间段内、不同的情境和心理感受之中所沉陷不同的动态及静态图像符号。例如，一棵树在勾勒其轮廓的形和投影至地上的形是不同的，从空中俯瞰和坐在树杈之上观察也是不同的，都呈现整体、局部、变形甚至扭曲的变化，形和图的关系也随之发生变化。所谓的“态”是指物象在某种空间中的位置和状态表现，它是一种动态的表现，体现自然物象的个性和特征。例如，猎豹在奔跑时躯体的起伏，形成优美的曲线，山羊在攀岩时紧缩的肌肉，变色龙随着环境不同转换皮肤表面的颜色，天空的云由于阳光的颜色而呈现不同的色彩……众多物象在运动中呈现的“态”，给予珠宝首饰设计更为丰富的想象空间，这些动态变化需要设计师敏锐的视觉去捕捉，还能用二维和三维的形式表达出来。

自然界的色彩无穷无尽，人类肉眼可辨的就达一百多万种。这些色彩时刻在发生变化，这些变化都是珠宝首饰设计对于色彩的灵感来源。设计师可将这些色彩变化进行归纳、分类，使之成为不同的色彩体系，以丰富其设计语言，塑造其表现力。

大自然还赋予各种动物美丽的毛皮、多变的斑纹，如变色龙身上富有光泽的鳞片、斑马的黑白条纹，以及大熊猫的黑白块组合等。自然界赋予的纹饰和肌理也是材料表面的一部分，具有极大的张力和自然特性。作为一种设计工具，自然纹饰肌理是视觉中不可或缺的一部分，充分体现了珠宝首饰和珠宝风格的共性特征，它的成功使用可以作为一种特定的风格得到人们的肯定，甚至是时尚前卫的一部分。

人类本着丰富的情感，给自然物象赋予各种文化内涵和寓意。例如，“四叶草”元素在首饰设计中被大量运用，如耳钉、挂坠等，因为它的四片草叶分别代表“信仰”“幸运”“希望”和“爱情”，而这些，都是人类渴望达到完美的精神生活状态，是人们寄托希望的方式。带有文化意向性的自然物象作为珠宝首饰设计的元素，同样提高了首饰本身的文化内涵。

图形和符号也是中国民间艺术中流行的表现形式。例如，蝙蝠象征“幸福”；松柏、白鹤象征“松鹤延年”；喜鹊、梅花象征“喜上眉梢”；莲花、鲤鱼花象征“连年有余”。也有根据自然生存规律比较和赞美人的特性的物件，如竹，中空有节；莲，出淤泥而不染；红豆寄相思等。

自然物象为珠宝首饰设计提供无穷的灵感来源，不同时代、不同国度皆是如此。这种设计方法有着深厚的历史积淀和丰富的实践经验，体现了人们对宇宙万物，天体运行的敬畏和依赖，以及人类与自然和谐相处、追求美感和感性的单纯朴素的愿望。这种融入对自然物情感的设计方式，是最朴实的，但又是现代设计领域最推崇的，是具有生命力的方式，是人类心灵深处“回归自然”“回归儿童和原始状态”的人性诉求。

(二) 借鉴其他艺术设计种类为灵感

除了自然物象，珠宝首饰设计还可借鉴其他形式和门类的艺术作为灵感来源，尤其是具有时尚前沿性的现代珠宝首饰。例如雕塑、环境艺术、产品设计等具有立体效果的艺术形式都对其有参考价值和指导意义。

现代珠宝首饰设计很多借鉴现代雕塑中的构成形式，现代前卫的珠宝首饰很多已经不是表达平面的装饰，而是探索空间的关系，不仅廓形新颖，通过各种不同大小的通道，可窥见内部的空间和形态。现代雕塑给予的灵感使得现代首饰设计的三维空间感有更新的表达方式。

现代建筑设计的形式语言设计技术、经济、文化等多个领域，建筑的革新同样为现代珠宝首饰设计提供构成形式上的灵感。20世纪前期，折中主义建筑开始出现，融合不同地域、时代、族群的建筑样式，此后构成主义、国际主义乃至后现代主义等形式的日新月异，都为珠宝首饰设计带来深刻的震动。设计师开始将建筑元素精微化，将其放置到十分有限的空间中，可以说，有的首饰就是微型的空间建筑。

具有实用价值的工业品风格也能引导珠宝创意革新。机械手表齿轮、表、钢琴键、锤子、机械车床等都成为现代珠宝首饰设计的灵感。耳环、胸针、项链和手镯，成为纯粹的装饰品时，如果珠宝首饰设计师不再加入其他视觉因素，只依赖于它们的可见存在，就会失去佩戴体验上的更多愉悦感和新鲜感。

（三）以图标和符号为灵感

符号法是艺术设计中最常用的思维方式之一，其有效性为多领域的设计从业者所熟知，同时也为珠宝设计提供了一种思维源泉。

在很长一段时间内，珠宝首饰的形态也有很多不同的思想体系有自己的专属符号。例如，十字符号、新月符号、万字纹等，都有其特殊的意义。许多受众是为了这个形态的意义而去佩戴这些符号，在一定的时间和情境之下，这种首饰文化讲述的是人类心灵的远古悸动，从精神领域唤起部分人群的同理心和共鸣。

许多象征符号在世界范围内都是众所周知的。例如，心形代表爱情，这是全球都共同认知的符号。又如我国哲学体系的“阴阳鱼”纹饰，在首饰中也时常出现，十字符号在挂饰、耳饰中也时常应用。

有的符号和图形在使用时要事先了解其背景，并非所有符号都可用于首饰设计中，有的是带有负面的影响。

三、珠宝首饰设计素材提炼

自然是人类最好的老师，一个充满形式感的广阔无垠的画廊。即使不同领域的设计师花费一生，也无法将其完全复制和摹写。因此，珠宝设计师必须学会提炼和概括自然的形式，并将其应用到设计中。不同的人有不同的理念和工作行为，对于珠宝首饰设计师来说，要寻找到适合自己的设计思维，用不同的方法记录大自然的种种信息，这些信息也许一开始是庞杂的，其中的一部分起不到刺激感官的作用，但是物象和物象之间有千丝万缕的关联，找到这种关联，那么也就打开了一扇设计的新大门，其中的瑰丽景象是之前不可想象的。设计师的设计思维能进入一个完全自由的空间。对设计素材的提炼，是设计活动的重点行为。记录这些庞大的信息时，并非无序的，而是有迹可循，可以从整体入手，再延续到细节部分，寻找到各个部分之间的关联，视觉和心理在整体和局部之间流转，多角度提供尽可能多的信息和材料，以便为后续设计提供充分和实质性的信息。

摄影快速简便，可以客观地记录抽象图像。对于变量物象，也可以进行多次连续记录。素描是收集和组织个人设计信息的好方法。它来自设计师的想象力和艺术，不是客观设计的视觉重复，而是捕捉设计师的个人情感和洞察力，以作品所描绘的真实情感、身体、心理等因素现实来放松地表达。设计师在生活中体验到的各种与设计相关的物体和图像可以激发创造力。在设计过程中，往往有这样的现象，有时遇到设计瓶颈，毫无头绪，但灵感在不经意间忽然到来，没有时间和地点的限定，可以发生在任何时候，此时必须要将之以图形、图像的方式记录，否则很可能一秒钟之后，它就不见了。速写形式具有巨大的艺术潜力，优秀的设计作品往往来自它们的快速摹写。设计速写非常适合激发灵感、产生想法和收集各种资源。其他收集方法，如照片和剪报，是需要对物象有进一步查阅和了解的时间。剪报中的信息可以是可携带的报纸和杂志中文件和照片，相关信息也可以按时间顺序进行适当的排列和组织。还有其他可以作为实物储存的物品，比如植物种子和花朵、蝴蝶翅膀、漂亮的面料织物等。相比之下，这种实物的聚合方式占用的空间更大，但可以更客观、更全面地保存图像。这些物件被小心地堆放在收纳盒里，每次拿出来，从不同的角度仔细审视，都给设计师带来了新的灵感。

（一）素材的提炼方式

对自然物象素材的提炼，通常是二维平面的形式，包括摄影和手绘等。即便是概括和抽象化，在平面范围之内，可以运用夸张和删减，对物体的轮廓、色彩、虚实关系等表现出来，从中体现节奏、韵律、均衡、有序等设计法则。例如对山间石头的描画，可将其提炼为曲线、直线或椭圆、三角形、平行四边形等抽象几何概念的描述；有的物象是几乎对称的，比如蝴蝶或蜻蜓的翅膀，有中心对称轴。有的具有黄金分割、数学级数的关系等。

通常，可以使用借用、引用、委托或替换等技术来创建符号表示和模仿，扩展和细化对象的类型，或使用抽象几何形状来明确地呈现个体属性，这些属性也可以用于客观与各种组成元素一起使用的对象。通常，这类首饰设计活泼可爱，寓意清晰准确，装饰和工艺质量上乘。

物体的提取有不同的方法，一种是从不同维度提取一个物体进行概括；另一种是在物体中寻求对形式的共同理解；形式的变化产生可见的差异。根据轮廓，形状的改进可以通过轮廓获得。图像变换也可以通过放大和缩小来实现，在视觉上，裁剪和折叠可以实现新的视角，通过嫁接和合并组件可以修改视觉图像。

1.具象形态

具象形态是物象的自然形态，并未经过人为的加工和概括，将自然界和人类社会中的具象直接运用到珠宝首饰设计中去，大多以动植物、人物形象为元素。例如猎豹、蛇、花卉、蝴蝶、蜻蜓、兰花等等，这种设计形式，是不同民族不同国度地域文化的体现。

孔雀羽毛绚烂，形态优雅高贵，是设计领域非常受欢迎的设计元素。例如，比利时某著名时设计师于1905年创作的孔雀珠首饰盒，以其有力的脖项、有着丰厚羽毛的翅膀和宽阔开屏的尾部，唤起了一种生机勃勃的感受。象牙经典优雅的质感赋予整件作品古朴的异域风情，深浅不一的蛋白石恰到好处地突显了鸟羽的缤纷美感。另一个例子是某珠宝品牌的兰花系列胸针。它们采用逼真的工艺，以珐琅为材质，色彩变化微妙，款式简洁，线条流畅，装饰手法写实，佩戴时，令人赏心悦目，像真正的兰花一样真实，仿佛有淡淡的兰花气味，达到了设计上的“嗅觉”通感效果。

2.抽象形态

抽象形态是从自然物象形态中抽离创造出来的。通过变形、夸张、融合等方法再现自然物象的精髓部分，既源于自然形态，也不同于自然形态。相较自然形态，它们有区别，但无优劣高低之分。自然物象的表面特征经过概括之后，加以提炼，加上设计师自身的理解和审美视角，使其形式语言简洁、主题明确，特征突出。具象形态直观表达了物象的视觉观感，而抽象形态对视觉的刺激是间接的，需要经过想象、理解的过程，会引发视觉的强刺激，具有时尚和现代感，视觉冲击力非常大。抽象形态的设计分为整体抽象法和局部抽象法两种方式。

（1）整体抽象法

整体抽象方法一般是常规的抽象方法。这是通过对所有形态的局部细节进行彻底深入的检查和分析，然后对这些信息进行多次抽离，以选择最有代表性的再进行归纳和处理，然后用直截了当的方式进行总结表现。

意大利某雕塑家曾涉足过珠宝首饰领域，他设计的珠宝首饰喜用几何形体，运用大理石、金属、木材等随处可见的材质，兼具坚固性和灵活性。他在早期的图形设计中融入了丰富的曲线和锐利的棱角，创造出干净、精确和坚实的三维形状，削弱了他认可的“可穿戴”设计的习惯。例如，他的“昼与夜”男士吊坠，灵感来自他的画作《交点》，吊坠的圆形和锥形珍珠在这幅画中释放了紧绷的金属丝上的张力，突出了图像的一般特征，“强调对比，黑白、明暗、棱角和圆润、柔和、对比和冲突，都可以变成和谐”。

动物形象在珠宝首饰设计中的运用十分常见，以之为题材，则多数运用了整体抽象的手法。猎豹是自然界的猛兽，奔跑速度快，毛皮纹饰色泽美丽，象征女性的神秘、妩媚。例如，某珠宝品牌设计的以猎豹为主题的胸饰。一只健壮的猎豹牢牢地栖息在一个巨大的天然蓝宝石球上，橘红色的眼睛，微张的嘴巴，镶满钻石的躯干，柔和的背部曲线，匀称的身体，清晰地展示了猎豹的优美体态，是动物形态整体抽象剥离之后的重构，是首饰设计作品的经典。

（2）局部抽象法

有的物象的局部特征非常醒目，在其整体形象中，可能其余部分无法被人记住，但这个显著特征能代表它的全部。例如，火烈鸟修长的腿和硕大的喙是它的显著特征，在做这类现象设计时，往往忽略身体的其他部分，突出夸张它的腿部和喙部，将其概括、归纳和加工，成为具有代表整体的局部抽象形态。

国外某珠宝品牌一直采用猎豹主题，自然界中的猎豹皮毛类似金钱，是它的显著特征。该品牌将钻石、玛瑙和金属错落组合，形成斑驳的纹饰，以此指代猎豹的全身。这是典型的局部抽象手法，使斑驳宝石的组合彰显猎豹物象的整体性，使首饰具有完整平衡的视觉感受，彰显了优雅的外观、神秘和华丽的女性之美。

（二）设计素材提炼体现设计者个人风格

根据不同地域的审美，设计师的文化内涵、设计水平、社会环境各不相同，对同一个设计主题的理解也各不相同，相同题材会被不同的设计师加工设计成完全不同的形式。这说明，设计素材的提炼是在变化的，从中体现了设计师的艺术素养和文化底蕴。

设计者的设计风格，就是通过设计者的认识将一个民族文化、一个时代、一个流派的艺术特点表现在首饰上，代表了不同个体的个性、修养。因此，每一名设计者如果要建立自己独特的设计风格，就要从前人成果中吸取养料，不断提高自己的艺术和文化素养，同时还要细心观察、潜心钻研，建立艺术观念的独到见解。

第三节　珠宝首饰设计技法表达与品牌发展

一、珠宝设计视角及表达技法

（一）首饰三视图的表现形式

从不同的角度观察珠宝，若想观察到整体形状最好从正面、侧面和顶视图中确定。因此，珠宝的基本形状可以通过三个角度来确定。

表现首饰三视图时，可以借鉴机械制图中的三投影面体系，即对于形状相对简单的物体，可以从前、左和上三个方向进行观察透影，并记录于图纸上。由于大部分珠宝首饰的结构和造型相对比较简单，有些具有对称性，因此采用简化的三投影面体系及对应的三个视图（主视图、左视图和俯视图），或者两个视图（主视图和俯视图）就能实现首饰形体结构的良好表达。对于不对称的首饰，可以采用四个视图（主视图、左/右视图、俯视图和仰视图），甚至六视图（主视图、左视图、右视图、俯视图、仰视图、后视图）来完整体现。

在展示珠宝的三视图时，可以使用显示机械图的三维投影系统作为参考，对于表面光滑的物体，可以查看正面、侧面和顶部视图，并将之记录下来。很多珠宝首饰形制结构并不复杂，有些是左右或者中心对称，因此表示三视图的方法简单方便，可直接运用三投影面体系直对其三个视面，或主视图、俯视图两个视图，就能清楚交代其形体结构。如遇到不规则、不对称的珠宝首饰，可以使用四个视图（前、左/右、上和下）甚至六个视图（前、左、右、上、下、后）来识别和体现。

为了说明物理特性和尺寸，数据通常在前视图、左视图和顶视图中标有尺寸和角度。

可以适当添加实体视图（例如完整实体、半实体、部分实体、部分放大、重叠实体或扩展视图）以显示实体和信息的内部或复杂结构。

如绘制三视图时，可以按照以下两个步骤进行操作。

1.形体分析

形体分析即结构分析，此方法基于视图和投影之间的关系。分析珠宝首饰的构成部分、能概括何种几何形体、相互之间的关系以及元件之间如何连接等等。首饰的结构特征主要有主视图表现，因此往往读取主视图就可得知此首饰的主要情况。

2.线面分析

对线分析法从主视图生成的主线框入手，利用线分析法识别出线对应的预期图像，学习整个线框的整体形状和空间位置是显而易见的。

（二）不同材质的珠宝首饰表现形式

珠宝由许多不同的材料制成，准确地表示珠宝材料很重要。诸如亮度、硬度和重量等视觉属性。

1.绘制金属物体

金属物体的表面是光滑的，所以反射的光源和反射的颜色是可见的。镜面抛光金属几乎可以反射环境或光源的所有颜色。在实践中，如上所述，应该强调明暗之间的边界线，并且应该夸大反射和高光。大多数金属工具都是刚性和尖头的，因此笔需要坚固和光滑。

对于具有不同凹凸曲率的光滑金属，要注意光影的存在和位置。对于喷砂金属等有质感的金属，注意用不同的笔触表现出金属的质感。

2.非金属材料绘制

首饰中的非金属材质，除了常见的珠玉宝石外，还有竹木材质、贝壳、皮革、陶瓷、纺织品等。

（1）显示玻璃表面的质感透明度时，需要在深色的表面上绘制，或者先画出玻璃通过物体的形状和颜色，然后再用尼龙笔画出来。使用玻璃进行展示，必须有一个平面。水粉（灰白色）含水量充足。用格罗夫尺快速垂直或斜向下扫笔，以达到半透明的局部效果。然后，页面使用腱笔（一种狼毛刷）制作黑色轮廓线。如果透明玻璃有点儿黄褐色，在白色粉末中加入一点儿棕色。

（2）表现皮革质感技术在处理皮革等软质材料时，一般的图案必须先用手模制，由于其自然和自由的线条，辅助操作不建议使用专有工具。你可以先用水彩或水粉给底色上色，然后用干漆使该区域变亮，最后用水溶性彩色铅笔去除细微的细节，如皮革线条和形状，可以添加。

（3）在表现木材质感上色时，笔直竖着用（笔略横着用），选择合适大小的扁平尼龙笔，从深到浅画需要足够的水分，同时笔触无缝，交接自然，且在底色未彻底干之前，在局部加重颜色，绘制木材年轮和天然纹理，使效果接近真实。

（4）石材质感的表达。石材是一种天然材料，具有质地坚硬、质地柔软、自然质地多变、有裂纹或不规则的径向纹理、滚动深度等特点。性能应根据上述特性来模拟其自然形态的变化。可以先用透明水彩画上色，用叶筋笔在湿润的时候将自然纹理延伸到底色上，自然而然，效果极佳。如果石头上有小污渍，可以用盐的方法或用牙刷或喷枪喷洒一些有色污渍，使其可见。

（5）织物面料质感表现技巧。表现面料单品时，必须先手工准备线稿。织物的质地和线条自然、柔软、有弹性，所以尺子配件不适合辅助操作。可以使用记号笔、水彩或水粉颜料等色调开始突出，然后绘制阴影等，最后使用水溶性颜色的铅笔添加一些微妙的细节。

二、珠宝首饰设计手绘及表现技法

（一）彩铅表现技法

彩色铅笔是由具有高吸附性和高显色性、高透明度的颗粒状颜料制成的，在各种纸张上都能呈现出同样的色彩，快速方便地展示，但着色颗粒较粗，适合简单绘图。

（二）水彩表现形式

水彩画是一种使用水和颜料混合在纸上的绘画方法，通过湿度水平来控制颜色的节奏。水分是水彩画的生命和灵魂，对控制绘画的效果起着重要的作用。水和颜料的量以及纸上的水滴成为决定画作韵律结构的重要因素。

水彩色彩生动、纯净、自然。水彩画中色彩的明快、浓重的色彩手法和干湿两用手法的运用，使画面宛如水与奶的混合物，充满清新柔和的空气，呈现出别致优雅的风格。水彩画一般分为透明水彩画法和不透明水彩画法。清水彩法是将颜料和水混合，薄薄地涂抹，使颜色清晰、明亮、生动。不透明的画法除了白开水外，还使用了胶，使画的颜色更加微妙。

（三）水粉表现形式

水粉画是通过将水和粉质表面与胶水混合来表现颜色。水粉颜料纯度高，涂布力强，易变色。

水粉技术不仅可以制作出细致逼真的画作，而且还可以制作出柔和或大胆的一般装饰技术。它不但可以吸收水彩画法，还可以吸收油画画法，既细腻、又清新，适合绘制正稿。

使用水粉和水彩组合绘画的结果是电气石串珠项链的一个例子。

1.先开始铅笔素描，勾勒出珠纹的粗略轮廓。使用水彩、水粉颜料或透明水彩来创建的颜色，确保第一遍的底色最小且清晰，但要注意光影的正确组合要点和珠宝注意事项可以留空。

2.改善珠宝中深色与明暗对比的关系。添加相关的细节，例如碎钻的工作原理、串珠的正面和背面、以及虚幻与真实之间的关系。

3.材质通过不同的加工工艺、颜色和笔触来区分，例如金属材质增强对比关系，而宝石等更透明的材质则增加光泽。应强调珠宝的主要特征，以增加层次感和真实感。

4.改变图纸细节，增加亮点和珠宝展示。

（四）色粉表现形式

色粉作为干品中必不可少的成分，呈现丰富而快速，与记号笔配合使用时，常用于营造照片氛围。

使用碳粉时，尽量使用坚固且无划痕的纸张，以使纸张能够承受外力。上粉的方法是用细网工具将碳粉磨成均匀的粉末，然后用刀片刮成均匀的粉末，涂上备用。画的时候可以用纸封口，控制墨粉的面积。记号笔有酒精、水性和油性三种类型，在各种纸张上使用时，可以随意着色，具有不同的颜色、亮度，并在快速显示模式下准备就绪，创建渲染图像。

1.用与每颗珠子颜色相匹配的彩色铅笔轻轻画出珠子的轮廓。

2.仅使用水性、酒精性或油性记号笔绘制珠宝细节和图案。可以使用标尺、云尺和模板选项绘制直线、曲线和圆。记号笔还可以根据颜色的深浅对珠子进行描摹和重绘。

3.珠子之间的颜色和过渡区可以用调色剂改变。将折叠的薄纸尖端浸入所需数量的彩色粉末中，然后通过擦除来涂抹颜色。可以将少量婴儿爽身粉混入碳粉中，使碳粉均匀分布在纸张上，从而使质地更加光滑。

4.用精密的专业橡皮擦擦去高光。

（五）首饰设计电脑软件辅助表现技法

电脑渲染是使用专业计算机软件和参考设计语言创建设计表示的过程。计算机渲染具有无与伦比的真实感和灵活性。它可以精确地创造物体并展现出多种艺术效果。电脑模型的创作，除了珠宝制造和其他材料的相关知识外，还需要能够使用相应的软件和相关的技术技能，才能让设计师产生创意。它是现代珠宝设计不可分割的一部分，以现代珠宝设计科学、计算机辅助设计为基础，开辟了珠宝制作领域的新大陆。

精确的电脑设计造型，动态变化，维护简单，特别是电脑数据库和人机交互的特点，在设计过程中可以实现逼真的立体三维效果，详细讲解珠宝设计是如何工作的，什么都可以展示，修改后，珠宝的材料、颜色、形状、纹理、鳞片等可以随时间变化，减少传统设计中的能源和体力消耗，可以进行修改，免去复杂耗时的人工解读，让设计师把更多精力放在珠宝设计本身的想法上。因为也可以实现电脑设计，所以它们被广泛用于珠宝促销、广告活动和插页展示。

得益于精确的计算机设计建模，易于修改和设置，特别是计算机数据库和人机交互功能可以为设计师提供灵感。它还可以完成三维设计，珠宝任何制造的细节可以由制造商在形状、颜色、大小、比例等方面于任何时间、角度和位置进行可视化和调整。这是传统设计方法做不到的。尤其是计算机珠宝制作技术的发展，使计算机化设计能够通过机械加工制造和快速原型制造技术实现快速启动，极大地提高了生产效率，因此在国际珠宝领域已被广泛研究和应用。此外，由于电脑珠宝设计可以实现真实的翻译效果，所以也广泛用于珠宝产品促销或品牌广告等宣传册的制作。如今，国内大部分珠宝品牌也在寻找精通网络珠宝设计的珠宝设计师。

三、文化背景和珠宝首饰品牌的发展

随着当代珠宝设计意识水平和审美要求的提高，珠宝不仅仅是佩戴在身上的装饰品。当代珠宝用于服装、箱包等实用物品，在造型设计方面有了新的发展，设计珠宝的风格体现主题，体现个人品味，完美地遵循这些效果，材质和质感也得到了重视。

珠宝，如同天地间的灵气和人间的美好，自古以来就为人们特别是女性所向往，所以有人说珠宝是女人一生的伴侣。近年来，随着人们生活水平的提高，越来越多的人对珠宝设计的审美也大幅度地提升。作为一种珍贵的装饰艺术，它可以完全根据不同人的身体特征、习惯和佩戴意义而定。风格各异的珠宝可以充分体现佩戴者的独特个性。设计师可以根据佩戴者的年龄、职业、体型、肤色、个性以及服装的特点，设计出一些个性化的首饰，这也是精致的首饰开发指南。

（一）奢侈品珠宝首饰品牌的现状

奢侈品在国际上的定义是“一种超出人们生存与发展需要范围的，具有独特、稀缺、珍奇等特点的消费品”，并非生活必需品。

我国经济发展迅速，消费者消费水平不断提高，自2010年起，我国就已经成为世界第二大奢侈品消费大国。从经济角度看，奢侈品消费是一种高档的消费行为，在社会意义角度是个人品味和生活质量的高度提升。

（二）中国的珠宝首饰品牌战略

现如今的市场营销大环境中，从没有一个珠宝首饰品牌能够满足所有的消费群体。一个珠宝首饰品牌要在国内还是国外推广，决定了它如何塑造品牌文化，如何进行品牌宣传和包装。人们对于我国传统文化工艺观念，并结合现代珠宝首饰工艺特点所设计出的珠宝首饰尤为喜爱。其中包括翡翠、和田玉和其他代表悠久历史文化的珠宝的收藏和鉴赏。揭阳、苏州、上海等玉雕专家如雨后春笋般涌现出众多工作室和作坊。其中的一些珠宝首饰爱好者具有极高的艺术品位，未来必将成为我国本土珠宝首饰传统美学的基石，这些艺术家的名字很多被定位为品牌的名称。

要赢得更多国际消费者的青睐，品牌的打造非常重要。由于珠宝是具有审美意义的有价值商品，因此消费者在做出适当的购买决定时，往往会严重影响品牌文化和产品意义。而这也是品牌的增值价值，我们不能否认消费者这方面的宝贵反馈。品牌真正促进了文化的发展和设计思维的扩张。有的企业文化底蕴深厚，产品丰富，产品线大，品牌的重要性在这个时期凸显出来。不同的品牌被包装起来，以适应不同年龄、消费水平、佩戴理念的人群。

品牌细分需要认真做好市场细分。清晰透明的品牌定位将提升目标群体的珠宝设计风格、趣味性和好感度。强化生产与规模化生产并存，是对生产优质化的探讨。在很多人的眼中，中国制造产能高，做工精良，具有极高的手工成分，而这正是中国制造的重点。与此同时，国际奢侈品珠宝首饰的生产基地正在发生转移和变化，我国珠宝首饰的工艺水平也在国际市场上备受欢迎，那么其品牌的定位工艺水平的优化以及悠久的中国文化背景加持，必将使中国的高端珠宝首饰品牌有广阔的国际市场。

—— 参考文献 ——

[1] 刘乐君，王亚然.清三代珐琅彩瓷中牡丹纹的特点和变迁[J].山东陶瓷，2018，(05）:36−39.

[2] 余勇，张亚林，方琼琳.古代陶瓷牡丹纹样的外延组合装饰形式[J].文艺争鸣，2019，(02）:83−85.

[3] 张玉菲.元磁州窑与景德镇窑瓷绘牡丹纹艺术风格比较研究[D].景德镇:景德镇陶瓷学院，2009年.

[4] 方琼琳.中国传统陶瓷牡丹纹装饰特征演变研究[D].景德镇:景德镇陶瓷学院，2019年.

[5] D，INGLS，M，herreroetas1.ART and Aesthetics.Rout ledge，2019.

[6] Ernst chill, Shanghai: Shanghai Translation Publishin−House, 1985, thir−ty−fifth,

[7] 薛永年.美术研究.华喦的艺术.1981年第2期78−83.

[8] A.DEMPSEY.Destination Art.London：Thames&Hudson，2018：01

[9] 李静，宝相花图案集.天津：天津人民美术出版社，1996.

[10] 黄能馥，陈娟娟.中华历代服饰艺术.北京：中国旅游出社，1999.

[11] 魏娜，轮回纹在现代设计中的应用.河北外国语职业院大舞台.2018年06期

[12] 翟恬.宝相花纹样历史流变及造型分析.西安工程大学学术硕士 论文.西安：西安工程大学，2018.

[13] SHABOUT，M.NADA.Modem Arab Art：oration of smb Aesthetics.University PressofFlorida，2017.

[14] 沈从文.中国古代服饰研究.上海：上海书店出版社，2005:45.

[15] 张茜.唐朝植物纹样应用研究.武汉理工大学硕士学位论文.武 汉：武汉理工大学，2018.

[16] 李小刚.张大千的水墨荷花情结.兰台世界：上旬.河北大学工商 学院.2019年第9期56–57.

[17] 谷莉.宋辽夏金装饰纹样研究.苏州大学硕士学位论文.苏州：苏州大学，2019.

[18] 陈欣.唐代丝织品装饰研究.山东大学硕士学位论文.山东：山东大学，2018.

[19] 刘志，徐萃.唐代宝相花纹艺术构成形式透析.包装学报，2019.02

[20] 王靖恰，包铭新.宝相花纹样小考.山东纺织经济，2019.6

[21] B.STYLE.Print and Pattem2.Publisher Laurence，2011：10 CSTRICKLAND，P BROWN.The Annotated Mona Lisa.Andrews Mc Meel Publishing，2017：10

[22] 姜汝真主编.中国传统文化的历史阐释与现代价值.山西教育出版社.1997(11）.

[23] 意贝内代托.克罗齐.美学或艺术和语言哲学.黄文捷译.天津：百花文艺出版社.2009

[24] L DEBORAHNadool manHollywood Sketchbook：A Century of Costume Illustration.Harper Design，2012.

[25] 周枫，马永旺.18K 金首饰的分类和X荧光能谱测试.2013中国珠宝首饰学术交流会.2013–10–30.

[26] 雷圭元.论图案艺术[J].杭州学院美术出版社，1992(9）.

[27] 谷锦秋.“雕漆八仙庆寿圆盒”吉祥图案试析[J].文物世界.1995(2）:78.

[28] 徐雯.云纹的演绎与发展——中国传统装饰研究片断[J].饰，2017(1）:12.

[29] 邓建鹏.窃曲纹考[J].殷都学刊，2018(1）:19.

[30] 王平.基于中国传统艺术的现代标志设计[J].装饰，2012(4）.

[31] 彭裕商.西周青铜器窃曲纹研究[J].考古学报，2012(4）:421.

[32] 郭新生.现代标志设计的时代特征[J].装饰，2012(4）.

[33] 郑欣淼.清宫后妃首饰图典.北京：故宫出版社.2015.3.:7−27.

[34] 董世斌.吉祥图案的美学内涵及其在现代设计中的魅力[J].河南教 育学院学报（哲学社会科学版）.2018(5）.

[35] 陈晓鸣.中国古代文化中的尚青观念[J].南通大学报，2018.78—81 袁杰英.解读涡旋纹饰[J].装饰，2019(4）:79−80.

[36] 刘伟.浅谈回形纹在陶瓷装饰中的应用[J].美术教育研究.2011(3）:40.

[37] 闻一多.伏羲传[J].闻一多全集[C]第一册，三联书店.

[38] 刘燕.《传统民间美术对平面设计艺术的重构[J]》.大舞台，2012(7）.

[39] 任华东，黄文卿.近十年景德镇陶瓷非物质文化遗产保护述评[J].文艺理论与批评，2019，(06）:130−133.

[40] 洪华山.浅谈景德镇陶瓷传统手工成型的传承与发展[J].景德镇陶 瓷，2016，(03）:18−19.

[41] 扬之水.中国古代金银首饰北京：故宫出版社，2019.9（2015.10重 印）:23−25.

[42] 田自秉.中国工艺美术史—2版（修订本）上海：东方出版中心，2010.4(2013.8重印）:27-53

[43] 刘利霞.中国画元素在中国当代油画中的运用[J].美术大观，2018(3）:64-65.

[44] 杨海峰.当代油画创作中中国传统元素的应用探讨[J].戏剧之家，2018(5）:129，131.

[45] 雒红强.中国画元素在当代油画中的融合与借用[J].中国民族博览，2018(2）:182-183.

[46] 叶盛.中央美术学院五六十年代水墨人物画教学研究.中国艺术研 究院博士学位论文，2014.

[47] 翟苏新.传统回纹形式语言在平面设计中的研究与应用.曲阜师范大学硕士专业学研究生学位论文.2016.

[48] （英）琼斯.中国纹样.上海古籍出版社，2016.04.01.

[49] 王先岳.写生与新山水画图式风格的形成.中国艺术研究院博士学位论文，2019.

[50] 蔡青.新中国“十七年”中国画研究.中国艺术研究院博士学位论文，2007.

[51] 王先岳.中西融合：二十世纪五、六十年代水墨人物画原理、实践 及启迪.南京艺术学院学报（美术与设计版），2018（6）.

[52] 邵大箴.中央美院与中国画教学（1954—1963）答客问.艺术沙龙，2009（2）.

[53] 任华东，黄文卿.近十年景德镇陶瓷非物质文化遗产保护述评

[54] 中国玉石学廖宗廷同济大学出版社1998-08

[55] 周墨.黑白之韵——“留白”与中国画当代艺术表现.中央美术学 院.2014年4月.

[56] 王平.基于中国传统艺术的现代标志设计[J].装饰，2016(4）.

[57] 徐雯.《八吉祥图案》2018.1:153.

[58] 刘立煌.富贵文化的思辨价值与教育意义（景德镇陶瓷大学，江西景德镇333403）

[59] 刘志明.论德国纳粹的青年基础[J].广西社会科学，2015，(6）:153-155.

[60] 雷颐.警惕法西斯[J].东方文化，2000.(4）：107-112.

[61] 杨光.早期纳粹宣传及其群体心理学分析[J].山东大学学报(哲学社会科学版），2014，(2）:147-154.

[62] 姜汝真.中国传统文化的历史阐释与现代价值[M]. 山西：山西教育出版社，1997.

[63] 李畅然.清代《孟子》学史大纲[M].北京：北京工业大 学出版社，2011.

[64] 李中华，张文定.论中国传统文化[M].北京：三联书店，1988:24.

[65] 吕希晨.中国现代文化哲学[M].天津：天津人民出版 社，1993.

[66] 南怀瑾.论语别裁[M].上海：复旦大学出版社，2011.

[67] 钱逊.推陈出新：传统文化在现代的发展[M].北京：清华大学出版社，1999.

[68] 侯维佳、侯瑞芳、杨景秀编著.民间刺绣珍赏.沈阳：辽宁美术出版社 2006.12:32，170.

[69] 扬之水著.奢华之色—宋元明金银器研究.第二卷，北京：中华书局，2011.1:233-240

[70] 杨伯逵主编.中国金银玻璃器珐琅全集.第一卷.石家庄：河北美术出版社，2004.12:3

[71] 夏风.古人铸宝.金银配饰 杭州：浙江古籍出版社.2007.4第一

版：19

[72] 吴 炎，刘立煌.浅谈富贵文化.法制与社会 2017.8

[73] 刘立煌.浅谈富贵文花中的精神实质.长沙：湖南教育出版社.2000.12

[74] 南怀瑾.论语别裁.上海：复旦大学出版社.2011.10.

[75] 李畅然.清代《孟子》学史大纲.北京：北京工业大学出版社.2011.1.

[76] 马仙玉.试论传统文化与现代生活的关系及其意义.牡丹江大学学报.2009（8）.

[77] 阎照祥.英国近代贵族政治研究述评.河南大学学报（社会科学版）.2003（7）.

[78] W.B.Willcox，The Age of Aristocracy 1688 1830，Boston，1996，35.

[79] 姜汝真主编.中国传统文化的历史阐释与现代价值.山西教育出版社.1997(11）.

[80] 叶盛.中央美术学院五六十年代水墨人物画教学研究.中国艺术研究院博士学位论文，

[81] 王跃奎.新中国十七年山水画从题材之变到笔墨之变研究.中国艺术研究院博士学位论文，2014.

[82] 王先岳.写生与新山水画图式风格的形成.中国艺术研究院博士学位论文，2010.

[83] 蔡青.新中国“十七年”中国画研究.中国艺术研究院博士学位论文，2007.

[84] 王先岳.中西融合：二十世纪五六十年代水墨人物画原理、实践及启迪.南京艺术学院学报（美术与设计版），2012（6）.

[85] 王金华.中国传统首饰精品.北京：中国旅游出版社，2014.8：56.

[86] 葛玉君."中国画"命运转机——"双百"及"双百"后中国画论争研究.美术研究，2011（1）.

[87] 裔萼.新年画运动与新中国人物画.美术观察，2019（5）.

[88] 邵大箴.中央美院与中国画教学（1954—1963）答客问.艺术沙龙，2009（2）.

[89] 王先岳.新中国初期国画改造运动及国画论争.新疆艺术学院学报，2009（1）.

[90] 蔡青."民族形象社会主义中国画"的建构—"十七年"中国画的发展与演进.贵州大学学报（艺术版），2006（4）.

[91] 杨新.清宫包装图典，北京：紫禁城出版社，2007.8：38.

[92] 阮卫平景闻梁科章新赵桂玲.清宫后妃首饰图典.故宫博物院编北京：故宫出版社.2012.3：7-27，71-100.

[93] 龙志丹、王秋墨图说清代银饰.北京：中国轻工业出版社，2007.4：19- 53.

[94] 马大勇.云鬓凤钗——中国古代女子发型发饰.济南：齐鲁书社出版发行2009.4.

[95] 刘利霞.中国画元素在中国当代油画中的运用[J].美术大观，2018(3）:64- 65.

[96] 杨海峰.当代油画创作中中国传统元素的应用探讨[J].戏剧之家，2018(5）:129，131.

[97] 雒红强.中国画元素在当代油画中的融合与借用[J].中国民族博览，2018(2）:182-183.

[98] 胡默露.当代油画创作中传统元素的渗透分析[J].美术教育研究，2017(24）:36-37.

[99] 库伟鹏.解读中国传统人物绘画元素在当代油画创作中的借用[J].

艺术科技，2017(5）:201.

[100] 陈旺，陈良雨.传统中国画审美元素在当代油画风景创作中的运用研究[J].美与时代(中），2016(1）:27–28.

[101] 王瑞，陈晓华.中国画元素在当代油画中的融合与借用[J].艺术研究，2015(4）:1–3.

[102] 杭海.妆匣遗珍北京：生活·读书·新知三联书店出版2015.9年版：12–72.

后　记

撰写这本书的初衷，源于很多年前的记忆。那年的夏日黄昏，我在老祖母的卧室里看到一幅保存完好的泛黄古画，画中的女子呈端庄坐姿，凤冠霞帔，颈上佩戴珍珠项饰，无名指上有方形戒指，额上的抹额中心有一块硕大的碧色宝石，那是我第一次听说“珍珠”“和田玉”“翡翠”这些珠宝名称。祖母说，此女子是我们家的太祖婆，那块硕大的翡翠后来镶嵌在黄金手镯上，传了几代人之后不知所踪。而这幅画上璀璨的珠宝形态深刻在我小小的脑海中，挥之不去。此后的求学、工作经历都与珠宝首饰有着千丝万缕的联系。

2019年，我成功申报了2019年度浙江省哲学社会科学规划项目“浙江民俗艺术研究”，珠宝首饰作为民俗艺术中服饰艺术的一部分，不仅代表了人们对美的追求，也反映了不同文化背景下的审美观念和价值观念，甚至是人类文明的重要组成部分。不同地区和文化背景下的珠宝首饰有不同的特色。例如，古埃及的法老常常佩戴金银首饰和宝石，以显示他们的统治地位和财富；在中国古代，玉器被视为吉祥物和祭祀用品，而黄金则被视为财富和地位的象征；印度的珠宝首饰常常采用丰富的色彩和复杂的图案，反映了印度文化的多样性和繁荣；日本的和风珠宝则强调简约和自然之美，体现了日本文化的精致和雅致……随着时间的推移，珠宝首饰所具有的意义也发生了变化。现代人们更注重珠宝首饰的设计和工艺，追求个性化的风格。

珠宝首饰的制作过程需要经过多道工序和精细的手工操作，而设计则凝结着设计师的文化素养和创意能力。在此书的撰写过程中，我查阅了大量的文献资料，并结合多年以来在各大博物院（馆）获得的实地考察资料，尝试从多个角度来探究珠宝首饰文化，包括历史、文化、艺术、设计等方面。通过对不同时期和不同文化背景下的珠宝首饰进行分析和比较，可以看到珠宝首饰在不同文化中的不同表达和意义，同时体现出珠宝首饰产业的发展轨迹，从中反映出人类历史和文化的根脉和发展。

佩环流光，璀璨夺目。希望此书能够为读者提供更多的珠宝首饰文化知识和启示，同时也希望能够引起更多人对珠宝首饰的关注。珠宝首饰不仅仅是一种装饰品，更是一种文化传承和表达的方式，承载着人们的向往、情感和审美观念。珠宝首饰的文化及设计可以反映出人类文明史中的此消彼长、生生不息。

张维纳

2023年1月1日于临海